Ueber den Einfluß wirthschaftlicher Maßregeln auf Zuwachsverhältnisse und Rentabilität der Waldwirthschaft.

Von der staatswirthschaftlichen Fakultät der Universität München

mit dem Preise gekrönte forstliche Studie

von

Dr. Martin Behringer,
Königl. bayr. Forstamtsassistent.

Springer-Verlag Berlin Heidelberg GmbH 1891

ISBN 978-3-662-31825-6 ISBN 978-3-662-32651-0 (eBook)
DOI 10.1007/978-3-662-32651-0

Inhaltsverzeichniß.

Einleitung.

Wie der Mensch, um wirthschaftlich thätig sein zu können, des Menschen bedarf, im Verkehre mit den Menschen leben muß und eine Gesammtheit von Menschen im geordneten Staate am produktionsfähigsten ist, so gesellt sich auch Holzpflanze zur Holzpflanze — so vereinigen sich die Bäume zum regelrechten Walde, zur gemeinsamen und darum um so gedeihlicheren Produktion. Hier wie dort ist der Kampf um das Dasein durch das Zusammenleben und den gleichen Produktionszweck bedingt. Den Sitten, Gebräuchen, Lebensbedürfnissen und deren Befriedigungsweise paßt sich die grundsätzliche Regelung des Zusammenlebens und die periodisch, durch volkswirthschaftlich zu erringende Vortheile angezeigte Veränderung in demselben an — die Eigenschaften der zum gemeinschaftlichen Bestandesleben zusammentretenden Holzpflanzen gebieten eine bestimmte Form des Zusammenlebens und verlangen, sofern der nationale Wohlstand gefördert werden soll, eine Verfassung, die ebenso wenig wie Staatsverfassung und Gesetz sich von selbst herstellt, sondern durch eine autoritative Gewalt hergestellt und beständig regulirt werden muß. Was dem Staate das Oberhaupt — das muß der Wirthschafter dem Walde sein. Er hat für seinen Staat die höchste Produktionsleistung im Auge zu behalten und unter diesem Gesichtspunkte mit den gegebenen Verhältnissen rechnend Sonder- und Gesammt-Interesse seiner Unterthanen gegenseitig abzuwägen, in Einklang zu bringen und darnach die geeigneten Wirthschaftsmaßregeln zu treffen.

Der Wald war in frühester Zeit sich selbst überlassen und erst der Fortschritt der Civilisation, das Aufblühen von Kunst, Gewerbe und Industrie zwängte denselben in bestimmte Formen, denen die raschlebende Jetztzeit ihre steigenden verfeinerten Anforderungen nicht rasch genug abgewinnen kann.

Die Umwandlung in der Waldwirthschaft gegen früher vollzog

sich damit, daß man begann, Aufwand und Erfolg zur Vergleichung nebeneinander zu stellen und daß man nunmehr versucht, möglichst intensiv zu wirthschaften, die geeigneten Mittel hierfür und den Grad ihrem Zwecke zu entsprechen ausfindig zu machen.

Bei dieser Zeitrichtung erscheint es auch gerechtfertigt, die Frage: „In welcher Weise greifen wirthschaftliche Maßregeln bei gegebenen natürlichen Standortsfaktoren in den Zuwachsgang der Bäume und Bestände und damit in die Rentabilität der Waldwirthschaft ein?*)" aufzuwerfen und einer näheren Erörterung zu unterziehen. Diese Frage bilde den Gegenstand nachfolgender Studie.

Daß in den Wachsthumsgang der Bäume, der Bestände verändernd eingegriffen werden kann und unter Umständen eingegriffen werden muß, darüber besteht wohl längst kein Zweifel mehr; es kann sich unsere Erörterung hauptsächlich auf das „wie" konzentriren, um so eher, als Grund und Grad des Eingriffes ja doch in stetiger, untrennbarer Wechselbeziehung stehen. — Im Allgemeinen stützen sich sämmtliche Maßregeln, die einem wirthschaftlichen Eingriffe in den Zuwachsgang der Bäume gleichkommen, darauf, bereits wirthschaftlich thätige Elemente zu gesteigerter Produktion durch entsprechende Ausnutzung von physiologischen Wachsthumsgesetzen der zum Wirthschaftsganzen zusammentretenden Bäume im Interesse der Gesammtheit anzuregen. Im Besonderen sind die einzelnen Maßregeln durch die Verschiedenheit von Art (Objekt und Zeit) und Grad (Standraum) des Eingriffes charakterisirt.

Nehmen wir Art und Grad des Eingriffes zum Ausgangspunkte der Klassifikation derselben an, so tritt uns als erste Maßregel, die sich meist nur auf auserlesene, dominirende Stämme und zwar lediglich auf ein Accessorium der Bestandesmasse, nicht aber auf diese selbst, sich erstreckt — die Aestung entgegen.

Der Bestandesmasse entnimmt die Reinigung Glieder, die von Anfang an dem definitiven Bestandesbilde nicht zugedacht sein konnten und deßhalb nur vorübergehende Bedeutung hatten; die Durchforstung dagegen entfernt je nach dem Grade die unthätigen,

---

*) Wortlaut der von der staatswirthschaftl. Fakultät München pro 1889/90 gestellten Preisaufgabe.

nachlassenden oder hinderlichen, ursprünglich mit der Gesammtheit gleichwerthigen Elemente und verursacht daher einen größeren oder geringeren Eingriff in die Bestandesmasse; am weitesten gehen schließlich die Lichtungshiebe mit einer Verminderung der Bestandesglieder zu Gunsten weniger bevorzugter Individuen und mit einer dauernden Unterbrechung des Bestandesschlusses.

In wiefern diese Maßnahmen nun im Stande sind in den Zuwachsgang der Bäume und Bestände einzugreifen und wie hierdurch die Rentabilität der Waldwirthschaft beeinflußt wird, soll die Abhandlung der einzelnen Maßregeln selbst zeigen.

I. Aestungsbetrieb.

Die Forstwirthschaft unterscheidet nach dem Materiale, welches bei der Aestung entfernt werden soll, zwei grundsätzlich verschiedene Aestungen, nämlich Trocken- und Grünästung.

Das geringste Maß des wirthschaftlichen Eingriffes in einen Bestand stellt die Trockenästung dar; sie hat, wie schon der Name sagt, nur trockene, dürre Aeste zum Objekte. Da nur gänzlich produktionslose Elemente beseitigt werden, kann die Zuwachsgröße der betroffenen Bäume nicht beeinflußt werden und insbesondere keine Erhöhung erfahren; wohl aber ist die Art der Zuwachslagerung nach der Aestung eine zum Vortheile der Stammgestaltung veränderte. Der jährliche Zuwachs lagert sich nach Beseitigung der dürren Aeste ungehindert rings um den Stamm, verschließt allmählig die Astwunden und verleiht dem Stamme, da das Einwachsen der todten Aeste, welche den Werth des Schnitt- wie Bauholzes (Tragfähigkeit) erheblich drücken, vermieden ist, eine astreine, walzige Gestalt und erhöht seinen technischen Gebrauchswerth. Ist hiermit die Wirkung der Trockenästung in der Erhöhung des Qualitätszuwachses zu suchen, so hat auch die Rentabilität der Waldwirthschaft in dieser Hinsicht nächst den in Betracht kommenden Aestungskosten die betreffenden Qualitätsdifferenzen zu beachten.

Alers*) bemißt die Werthsdifferenz zwischen einem mit seiner vielfach empfohlenen Flügelsäge geästeten und einem gleichalterigen nicht geästeten Stamme im Haubarkeitsalter (von 80 Jahren) auf 7 Mk. und berechnet den Gewinn auf 62 % vom Bruttoertrage. Wird angenommen, daß die Aestung im 30sten Jahre beginne, alle 5 Jahre bis zum 50sten Jahre sich wiederhole und prolongirt man die hierfür erlaufenen Kosten (10 Pfennige pro Stamm) bis zum 80jährigen Haubarkeitsalter mit Zinseszinsen, so ergiebt sich nach Braunschweig'schen Verhältnissen ein Reingewinn von 12 %. Diese von Alers angestellte Werthsberechnung entzieht sich der näheren Prüfung, jedoch muß bezüglich der Kosten der Aestung anerkannt werden, daß dieselben gemäß mehrfach angestellter Versuche der Wirklichkeit entsprechen, dagegen aber auch die Aussetzung gemacht werden, daß die Rechnung nur für einen 80jährigen, nicht aber für einen höheren Umtrieb durchgeführt wurde, in welchem Falle sich das ungemein günstig erscheinende Resultat in einem anderen Lichte zeigen und beträchtlich einbüßen müßte. Immerhin hatte die Anregung Alers zur Folge, daß man in Preußen die Trockenästung einführte, sich von ihrem Vortheile überzeugte und späterhin auch anderwärts zur Erkenntniß gelangte, „die Waldwirthschaft könne die Aestung nicht mehr entbehren" **).

Halten sich die für die Aestung gemachten Auslagen (bestehend in dem Aufwande für Werkzeuge, Arbeitslöhne, erhöhte Verwaltungskosten) und der erreichte Erfolg (höherer Erlös für das geästete Material) die Wage, so besteht im Allgemeinen wirthschaftliches Gleichgewicht und es ist in diesem Falle für den Waldbesitzer vom privatwirthschaftlichen Standpunkte aus ganz gleichgiltig, ob er diese Wirthschaftsmaßregel anwendet oder nicht — er erzielt eben keinen Gewinn. Die Volks- und Staatswirthschaft dagegen muß dieselbe wegen der Erzeugung einer größeren Quantität glattschaftigen, gut spaltbaren Holzes, überhaupt Materiales von höherem Gebrauchswerthe und wegen der Gewährung von Arbeitsverdienst als rentabel begrüßen.

---

*) Alers: „Ueber das Aufästen der Waldbäume." Frankfurt a. M. 1874. S. 75.

**) Sächsischer Forstverein 1877.

Die Rentabilität der Aestung steigt mit allen jenen Momenten, die geeigenschaftet sind, einerseits die in Geldbetrag zum Ausdruck gelangenden Qualitätsdifferenzen zwischen einem geästeten und nicht geästeten Stamme zu erhöhen und andererseits die Kosten der Aestung selbst zu ermäßigen. Unter ersteren tritt der frühzeitige Beginn der Aestung, die Güte der Absatzlage, die voraussichtliche Nachfrage nach glattschaftigem und das Vorherrschen sonst rauhen Materiales in den Vordergrund; bei den letzteren dagegen ist die Verwendung geschickter, fleißiger Arbeiter und die Benutzung rasch und zweckentsprechend fördernder Werkzeuge, sowie der Werth des genutzten Materiales, soferne ein solcher vorhanden ist, ausschlaggebend. Ferner muß noch die sonstige Bestandesbehandlung, insbesondere eine rationelle Durchforstung vor der Aestung, durch welche die Trockenästung auf mechanischem Wege beim Fällen schon zum guten Theile ausgeführt wird, zur Verminderung der Kosten beitragen. Die hauptsächlichste Ersparniß dürfte sich durch die Beschränkung der Aestung auf die im haubaren Alter voraussichtlich noch vorhandenen Stämme erzielen lassen. Eine nur annähernd gemeingiltige Rentabilitätsziffer für Trockenästung aufstellen zu wollen, erscheint schon bei oberflächlicher Erwägung und Vergleichung genannter Faktoren als ein Ding der Unmöglichkeit; wir müssen uns vielmehr mit der Aufstellung der Bedingungen und schließlich mit der Ueberzeugung begnügen, daß jene Fälle, in denen wirthschaftliches Gleichgewicht oder gar negatives Ergebniß erzielt werden könnte, sich auf Wirthschaftsgebiete beschränken, welche überhaupt noch keinem intensiven Betriebe und daher auch der Aestung nicht zugänglich sind.

Das Bedürfniß der Grünästung hatte man schon frühzeitig erkannt, nicht aber die Methode, sie richtig durchzuführen. Erst Vicomte de Courval, De Cars beanspruchen das Verdienst, gegen die bis in diese Zeit vielfach gebräuchliche Verstümmelungsmanier sich erhoben und bahnbrechende Anleitung zu rationellem Betriebe gegeben zu haben. Es würde den Raum dieser Abhandlung weit übersteigen, sollte die Aufastungstechnik, wie sie im Laufe der Zeit von Nördlinger, Preßler, Göppert, Kienitz, R. Hartig und außerdem von verschiedenen Praktikern bisher ausgebildet wurde, eingehend besprochen werden. Die verlangte Rentabilität der Aestung setzt eben den rationellen Betrieb voraus und erfordert, daß die gewonnenen Erfahrungen bezüglich der zweckmäßigst, rasch fördernden Instrumente, die günstigste Zeit (Herbst), die Vorsichtsmaßregeln gegen Fäulniß (Ueberstreichen der Astwunden mit Theer) zu Nutze genkacht werden und die Aestung selbst die zulässige Grenze in Kronenhöhe und Aststärke nicht überschreite.

Die Entnahme von grünen Aesten legt die Vermuthung nahe, daß das Gleichgewicht in der Produktionsthätigkeit, welches sich die Natur bis zum Zeitpunkte der Aestung im Zusammenwirken von Krone und Wurzel geschaffen hatte, durch die Aestung in dem Maße gestört werde, als die Bildungsstoffe erzeugenden Blattorgane vermindert werden. Es ist jedoch keineswegs immer als unbedingte Folge der Aestung eine Zuwachsabnahme zu konstatiren; dieselbe kann nur eintreten und wird sicher eintreten bei gesteigertem Maße der Ausführung oder bei ungünstigen Standortsfaktoren. Die Zuwachsgröße vermag aber auf gleicher Höhe auszudauern, wenn die Aestung auf gutem Standorte mäßig durchgeführt wird, das ist, wenn sie sich im geschlossenen Bestande auf Zweige mit fast unthätigen Blattorganen beschränkt.

Im Rahmen dieser beiden Möglichkeiten bewegt sich die für die Rentabilität maßgebende Qualitätsdifferenz im Zuwachse. Der erste Fall ist in seiner fundamentalen Wirkung gleichbedeutend mit der Trockenästung, indem nur eine astreinere, geradschaftigere Form erzweckt wird; im letzteren Falle dagegen vollzieht sich neben der Erhöhung des Gebrauchswerthes eine Werthsmehrung in der Weise, daß gemäß den physiologischen Wachsthumsgesetzen eine Abminderung in der Ablagerung von Bildungsstoffen, welche im Gipfel des Baumes beginnt und nach unten sich fortsetzt, auf Kosten der unteren Stammtheile geht und daß daher die größere Zunahme des oberen Stammdurchmessers ohne gleichzeitiges proportionales Steigen des unteren eine größere Vollformigkeit verursacht. Mit dieser Formverbesserung muß außerdem noch eine technische Qualitätserhöhung erfolgen, soferne die von R. Hartig aufgestellten Beziehungen zwischen Transpirationsgröße und Qualität*) allgemeine Anwendung beanspruchen. Letztere

---

*) „Das Fichten- und Tannenholz des bairischen Waldes" Dr. R. Hartig; Centralblatt f. d. gesammte Forstwesen 1888. S. 363.

stellen nämlich fest, daß die Zuwachsqualität um so besser sich gestaltet, je weniger die Zuwachsmenge im Verhältnisse zur Transpirationsgröße sinkt.

Es läßt sich physiologisch im Allgemeinen nicht begründen, daß als Folge der Aestung der Höhenwuchs gesteigert werde. Die Ansichten und Erfahrungen gehen in dieser Hinsicht auseinander.*)

Die ökonomische Ausführung der Aestung in einem Bestande erstreckt sich im Interesse der Ersparung an Kosten nicht auf sämmtliche, sondern nur auf die dominirenden, vermuthlich den künftigen Haubarkeitsertrag bildenden Stämme und hiermit steht im Zusammenhange, daß es völlig verfehlt wäre, den Effekt der Grünästung ausschließlich von der Leistung der von ihr betroffenen Stämme abzuleiten. Man würde hierbei übersehen, daß eine derartige Ausführung der Grünästung in den verschiedenen Wirthschaftsformen zugleich eine Auslichtung für die Umgebung bildet und daher auch im gesteigerten Zuwachs derselben sich fühlbar macht. So wird namentlich im Mittelwalde der verminderte Druck dem Unterholze zum Vortheile gereichen und auch im Hochwalde die lichtere Bekronung der geästeten Stämme auf den Zuwachs der nicht geästeten Nachbarstämme günstig einwirken.

Hiernach läßt sich der Erfolg der Aestung zusammenfassen in einen direkten, der sich im speziellen Falle nach dem Grade der Durchführung entweder in der Erhöhung des Nutzholzprozentes oder in der momentanen Verminderung der Zuwachsgröße nächst der Erhöhung des Nutzholzprozentes und der Verbesserung der Holzqualität ausspricht; und in einen indirekten, der in dem entsprechend vermehrten Zuwachs der Umgebung zu suchen ist.

Die Literatur enthält über die Aestungserfolge für unser Thema nur sehr wenig. Das hierüber Veröffentlichte bezieht sich hauptsächlich, nachdem die in Frage stehende Wirthschaftsmaßregel vor wenigen Dezennien erst gründlich ventilirt und in neuester Zeit auch von der Praxis ernsthaft in die Hand genommen ist, darauf, die

*) Nördlinger bestätigt die Höhenzunahme für die Fichte; Preßler stellt sie für die Kiefer in Abrede; dagegen konstatirt Schaching eine wesentliche Höhenwuchssteigerung für junge Eichen.

Aufastungs-Technik, nicht aber den Erfolg der Aestung in wirthschaftlicher Hinsicht zu prüfen.*) Somit fehlen erklärlicher Weise die Daten, um nur einigermaßen Anhaltspunkte für eine genaue Rentabilitätsrechnung zu haben. Es würde einmal sehr schwer fallen, gegenwärtig entscheiden zu wollen, wie sich die gesammte Zuwachsgröße eines Bestandes zur Zeit der Haubarkeit infolge verschiedener Aestungsgrade gestalten würde; schließlich wäre es ganz unmöglich, da jeglicher Maßstab für die Preisbildung in ca. 100 Jahren fehlt, eine Grenze für die Rentabilität der Aestung festzusetzen und zu bestimmen, welch höherer Preis der Einheit geästeter Masse zukommen und welche Zunahme in der Gesammtleistung des Bestandes stattfinden müsse, damit überhaupt die Kosten gedeckt würden — oder wie hoch sich eine eventuelle Massenminderung der Gesammtheit bei gleichem Haubarkeitsalter belaufen dürfte, um durch höheren Werth geästeten Materiales noch aufgewogen zu werden. Da nicht einmal die Versuche über die Ausführungsweise der Aestung abgeschlossen sind und noch weniger über den Erfolg Resultate vorliegen, so entziehen sich die Hauptgrundlagen der Rechnung; doch soviel steht fest: Wenn unter Berücksichtigung aller, schon unter Trockenästung aufgeführter Momente für die Rentabilitätsbemessung hauptsächlich edle Holzarten als Objekt der Aestung dienen, so bleiben der Nachwelt Bilder, wie sie tief herabbeastete morsche alte Eichen bieten, erspart und damit auch die klägliche Rechnung, daß ein mehrere Jahrhunderte benutzter Boden knapp soviele Mark als Rente abwirft, als die Beschirmungsfläche Quadratmeter beträgt. Schon die ungemein große Werthsdifferenz zwischen einem kurzwüchsigen, morschen und einem langschaftigen, gesunden Stamme und die Voraussicht, daß sich dieselbe — beim Zurückweichen der edleren Holzarten — in Zukunft noch heben wird, rechtfertigt eine erhebliche Jetztauslage für die sorgfältige Aestung. Außerdem giebt es noch Gesichtspunkte, welche die Aestung an und für sich rentabel erscheinen lassen; sie gehören zwar, streng genommen, nicht in unser Thema, weil sie kein Ausfluß der Zuwachsgröße oder -Güte sind, sondern mehr negativen Erwägungen entspringen; wir glauben jedoch dieselben in Anbetracht der hohen Bedeutung, welche

*) Vergl. Dr. May, „Geschichte der Ästungen", Baur, Centralbl. 1889.

ihnen für die Rentabilität der Waldwirthschaft überhaupt beigemessen werden muß, nicht unerwähnt lassen zu dürfen: Die Abnahme kranker, bereits angefaulter oder mit Mißbildungen behafteter Aeste (Mistel, Hexenbesen ꝛc.) vermeidet ein Uebergreifen der Krankheit in den Stamm, sichert hiermit ein gewisses Quantum Holz in einem Werthe, der außerdem ganz beträchtlich sinken würde. Ferner erhält ein geästeter Stamm infolge seiner geringen Oberfläche größere Sicherheit gegen die Gefahr des Windbruches und Schneedruckes und schließlich ermöglicht die Aestung dem Wirthschafter in gemischten Beständen die Mischung zu erhalten und zu reguliren. Wir führen diesen Punkt absichtlich als den letzten an, weil er der schwerwiegendste ist. Bietet uns doch der Mischwald in seiner Verfassung nebst vielfachen Vortheilen in waldbaulicher Beziehung*) die meiste Wahrscheinlichkeit, daß sein Ertrag in Zukunft auch die höchste Rente sichert.

II. Reinigungsbetrieb.

Während die Aestung sich nur auf ein Bestandesaccessorium erstreckt, entnimmt die Reinigung dem Bestande vorübergehend zugehörige Glieder; sie unterscheidet sich von der Aestung außerdem dadurch, daß sie mehr auf Beseitigung von Mißständen, auf die Herstellung der vortheilhaftesten Bestandesgestaltung und damit indirekt auch auf eine Zuwachssteigerung abzielt. Wir führen dieselbe nur kurz an, weil sie dafür sorgt, daß der Hauptbestand nicht unnützer Weise an Zuwachs geschmälert werde und weil sie vielfach für die Rentabilität von hervorragender Wichtigkeit ist.

Die Bestandesbegründung kann in sehr vielen Fällen nicht vor sich gehen, ohne daß die Natur nebensächliche Holzarten dem Grundbestande beimischt oder die Kunst aus irgend welchen Zweckmäßigkeitsgründen eine solche Mischung für kurze Zeit herzustellen für gut findet. Solche, meist geringwerthige Holzarten vermögen in der Regel die Umtriebszeit des Hauptbestandes nicht auszudauern und

*) Dr. Gayer, der gemischte Wald.

werden somit Ursache unvortheilhafter Bestandesverhältnisse und sogar theilweiser Produktionslosigkeit des Bodens, erfüllen aber andrerseits in der Jugendperiode eines Bestandes ihre zeitweilige Aufgabe und Bestimmung; allerdings eben nur bis zu einem gewissen Bestandesalter und in einem vom Bestandeszustande abhängigen Maße.

Wird dieses Maß oder diese Zeit überschritten, erfolgt ein Eingriff nicht rechtzeitig und entsprechend stark, so wird eine wirthschaftliche Sünde begangen, die sich zwar erst spät, aber um so schwerer rächt.

Die Rentabilität einer Reinigung muß demnach aus dem wahrscheinlichen Nachtheile ihrer Unterlassung abstrahirt werden.

Nicht jede Reinigung deckt durch den Materialanfall auch die Kosten ihrer Ausführung und trotzdem darf man, ohne wohl auf Widerspruch zu stoßen, die begründete Behauptung aufstellen, daß jede nothwendige, richtig ausgeführte Reinigung ihre Kosten reichlich lohnt. Durch die Höhe des Reinigungsbedürfnisses einerseits und das vollständige Versäumniß andrerseits muß die Rentabilität dieser Maßnahme am klarsten ersichtlich werden. Eine Unzahl von Möglichkeiten ist zwischen diesen beiden Extremen gelegen, je nach dem Grade des Reinigungsbedürfnisses und dem Maße und der Dauer des Versäumnisses. Die Unterlassung hat zur Folge, daß die werthvolle Holzart entweder im Wachsthume zurückgehalten, beschädigt (durch Peitschen ꝛc.) oder vollständig überwachsen wird und an deren Stelle eine minderwerthige Holzart tritt, häufig mit Inanspruchnahme eines Bodenraumes, der mit dem darauf produzirten Materiale in keinem Werthsverhältnisse steht (Wölfe). Zunächst wird, wie schon erwähnt, ein solcher Bestand voraussichtlich nicht jenes Haubarkeitsalter erreichen, das ihm ohne die Beimengung der Reinigungsstämme zugekommen wäre, und damit liefert der Boden auch nicht jene volle Rente, welche er hätte liefern können und sollen. Sodann wird eine Einbuße des Materiales an Masse wie an Werth zu constatiren sein. Das Nutzholzprozent tritt gegenüber dem Brennholzanfalle zurück und dementsprechend auch der Werth der Abtriebsnutzung. Dasselbe dürfte mit dem Anfalle an Zwischennutzungen sich ergeben. Ferner sind fast immer Bestandeslücken, produktionslose Flächen, eine

Folge der Versäumniß und schließlich wird die Wiederverjüngung eines nicht geeignet gereinigten Bestandes, wenn man der standortsgemäßen Holzart zu ihrem vollen Rechte verhelfen will, zum mindesten erschwert oder durch Ausgaben für künstliche Wiederaufforstung wesentlich vertheuert.

Würde es gelingen, an einem exakten Beispiele die Erträgnisse eines nach den Regeln des Waldbaues gereinigten und eines vernachlässigten Bestandes in Geld anzusetzen und auch noch die sonstigen Nachtheile der wirthschaftlichen Versäumniß finanziell auszudrücken, so müßte die Vergleichung eine Differenz zu Gunsten der Reinigung aufweisen, groß genug, einen beträchtlichen Aufwand (prolongirt bis zur Abrechnungszeit mit Zinseszinsen) als bedeutend rentabel erscheinen zu lassen.

III. Durchforstungsbetrieb.

Die Vergleichung eines im dichtgeschlossenen Bestande erwachsenen Stammes und eines völlig freiständigen vom gleichen Alter macht den augenfälligen Unterschied in der Masse der beiden Objekte klar, führt aber auch zu der Ueberzeugung, daß auf Seite der größeren Masse nicht auch ausnahmslos die bessere Qualität steht, sondern das Verhältniß sich in der Regel umgekehrt gestaltet.

Zwischen den Extremen des völligen Freistandes und dem Wuchse im gedrängten Bestande muß sich ein Standraum, der nach Wachsthumsfaktoren und Holzarten (Bestandsbegründung) wechselt, als Mittel finden, bei welchem die Masse ein Maximum erreicht, ohne daß die Qualität derselben eine Einbuße erlitte.

Die wirthschaftlichen Durchforstungsgrundsätze haben nun bei der zur Zeit auf Nutzholzzucht abzielenden forstlichen Produktion darnach zu trachten, die Bedingungen für dieses Optimum aufzusuchen, alsdann diesen entsprechend die Art und den Grad des Eingriffes einzurichten und den verschiedenen Lebensperioden eines Bestandes anzupassen.

Sobald in der forstlichen Praxis die Nothwendigkeit und Nützlichkeit der Durchforstung überhaupt eingesehen wurde, machte sich auch das Bestreben geltend, auf empirischem Wege den Einfluß verschiedener Durchforstungsweise zu ermitteln und diesem Bestreben verdanken wir das Entstehen vielfach auseinander gehender Theorien.

Die von Professor Dr. v. Baur dargestellte Geschichte der Durchforstungen*) zeigt, daß schon anfangs dieses Jahrhunderts hervorragende Fachmänner sich mit dem Gedanken beschäftigten, vergleichende Versuche anzustellen und diese ins praktische zu übersetzen. Es würde zu weit führen, auf alle in dieser Hinsicht gegebene Vorschläge speziell einzugehen; wir verweisen vielmehr auf Dr. v. Baur's „Geschichte der Durchforstungen" und beschränken uns darauf, zu prüfen, in welchem Maße die im Prinzipe von einander abweichenden Theorien die Fähigkeit besitzen, den Zuwachsgang und die Rentabilität zu beeinflussen.

Schon G. L. Hartig und sein Zeitgenosse Cotta waren die Repräsentanten in der Verfolgung entgegengesetzter Richtung; während nämlich ersterer durchaus dunkelfreundlich gesinnt war, erstrebte letzterer kräftige Ausführung der Durchforstung. Die Praxis verhielt sich im Allgemeinen konservativ, indem sie den Bestandesschluß nach G. L. Hartig's Grundsätzen zu wahren trachtete. Neuerdings bringen Dr. Borggreve und Wagener, jeder in eigenartiger Weise, durch Aufstellung grundsätzlich verschiedener Maßnahmen neues Leben in die Durchforstungsfrage. Keine der beiden Theorien hat bis jetzt solch greifbare Resultate gezeitigt, daß deren Berechtigung für den gesammten forstlichen Betrieb unbedingt erwiesen wäre. Wir werden uns daher mit denselben nur vom Standpunkte der Theorie aus beschäftigen, in der Hauptsache aber die Untersuchungen im Sinne der bisher üblichen Durchforstungsverfahren auszuführen versuchen, wobei es am zweckentsprechendsten sein dürfte, den von Professor Dr. v. Baur aufgestellten und vom Verein der forstlichen Versuchsanstalten acceptirten Arbeitsplan über Durchforstungsversuche zum Anhalte zu nehmen.

Die Fragestellung des vorwürfigen Themas gliedert selbst schon die Behandlung in ihre naturgemäßen zwei Hauptabschnitte, von denen der erste die Art des Zuwachsganges, der zweite die hiervon ab-

*) Ganghofer, forstl. Versuchswesen Bd. II. S. 216 ff.

hängige Rentabilität der Waldwirthschaft infolge verschiedener Durchforstungsweise zum Gegenstande hat.

1. Zuwachsgang.

Jede Wirthschaftsmaßregel, welche auf die Bezeichnung „Durchforstung" Anspruch macht, entfernt wenigstens alles abgestorbene Material aus dem Bestande und vollzieht hiermit nur eine Ernte, welche das Bestandesleben durch seinen Entwickelungsgang selbst gereift hat. Eine unmittelbare Anregung zur Zuwachssteigerung bedingt aber eine solche Art der Durchforstung nur in sehr geringem Maße. Erst der Eingriff in den Kronenraum der lebensfähigen Stämme giebt für die zurückbleibenden Stämme erhöhten Licht-, Luft- und Wärmegenuß, schafft überhaupt — auch bezüglich der physikalischen Eigenschaften des Bodens — die Voraussetzungen gesteigerter Wachsthumsleistung.

Sollen gegenwärtige Untersuchungen einen deutlichen Einblick in den Zuwachsgang gewähren und zugleich auch, soweit dies der Sachlage nach möglich, der Rentabilitätsfrage dienlich sein, so dürfen wir nicht die zu einer bestimmten Zeit produzirte Masse an und für sich als Maßstab für die Wirkung der Durchforstungen anlegen, sondern müssen auch der Art der Zuwachslagerung, wie sie den Werth des Stammes beeinflußt, die gebührende Berücksichtigung schenken. Wir zergliedern daher wohl am zweckmäßigsten die Bestandesmasse M in ihre einzelnen Faktoren, welche die Qualität des Holzes der Dimension nach bestimmen, nämlich in Grundflächensumme G (in Meßhöhe 1,3 m vom Boden) oder an deren Stelle, da $G = \frac{z D^2 \pi}{4}$ (wenn z die Stammzahl und D den mittleren Durchmesser bedeutet) die mittlere Bestandesstärke, ferner die mittlere Bestandeshöhe h und die mittlere Formzahl f. Schließlich fassen wir das Produkt $G h f = M$ zur Vergleichung der verschiedenen Durchforstungsgrade zusammen.

a. Bestandesstärke.

In jedem auch noch so regelmäßigen Bestande — und sei er vollständig gleichalterig durch Pflanzung begründet — lassen sich Stärkestufen unterscheiden und zwar in der Regel um so mehr, je älter er ist und je weniger pfleglich er behandelt wurde. Dieser Umstand hat seinen Grund in der Verschiedenheit der natürlichen Veranlagung oder auch des relativ besseren und schlechteren Standortes. Mit großer Gesetzmäßigkeit, die schon bei Beständen von kleinerer Fläche wahrgenommen werden kann, hebt sich die Anzahl der Stämme einer Stärkestufe von den schwächeren Durchmessern bis zu einem Maximum (das näher den schwächeren Stammklassen gelegen ist), um mit Zunahme des Durchmessers wieder zu sinken. Trägt man die in einem Bestande vorkommenden Durchmesser als Abscissen und die denselben entsprechenden Stammzahlen als Ordinaten auf und markirt durch einen Zug aus freier Hand interpolationsweise die Lage der Punkte, so veranschaulicht die dergestalt konstruirte Curve den Gang der Stammzahlen innerhalb der Stärkestufen. Die Spitze der kegelähnlichen Figur zeigt keineswegs die Stärke der dominirenden Klasse an, vielmehr enthält sie einen beträchtlichen Prozentsatz von Nebenbestandsmaterial, so daß die Culminationshöhe mit steigendem Durchforstungsgrade abnimmt und zugleich in den höheren Stärkestufen weiter rückt.

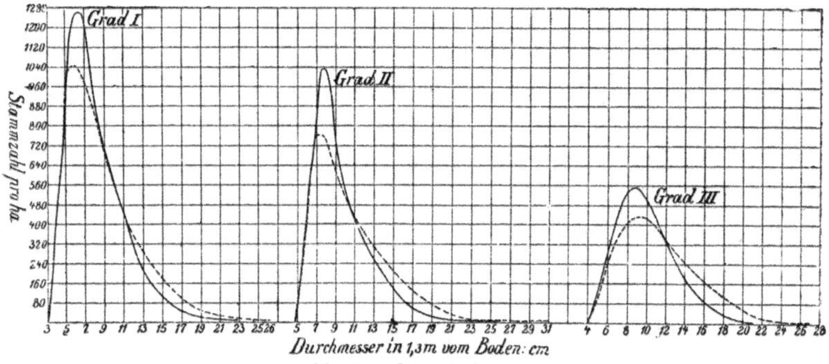

Fig. Ia: Saatbestand.

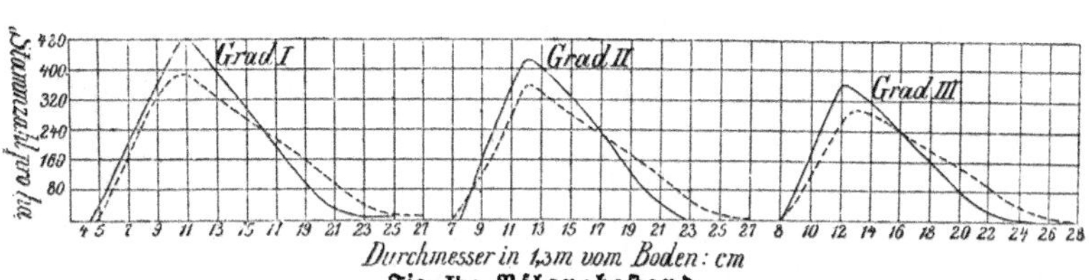

Fig. Ib: Pflanzbestand.

Zeichenerklärung: ——— Verlauf der Stammzahlcurve unmittelbar nach erster Durchforstung.
------------ Verlauf der Stammzahlcurve 5 Jahre nach erster Durchforstung.

In Figur Ia und Ib wurden für zwei Durchforstungshauptflächen, gelegen im kgl. bayr. Forstamte Sachsenried, Distr. Sumsach, Abtheilung Habratshoferflur*) mit je drei Einzelflächen (à 0,25 ha) die Stammzahlcurven pro ha in eben geschilderter Weise zunächst für den Stand unmittelbar nach der ersten Durchforstung dargestellt. Die Bestandesaufnahme wurde nach Durchmesserklassen von cm zu cm und in gleicher Abstufung auch die Auftragung der Stammzahlen als Ordinaten bewerkstelligt. Die drei Flächen waren dem Arbeitsplane des Vereins forstlicher Versuchsanstalten**) entsprechend durchforstet, nämlich die erste schwach — Grad I: Entnahme von abgestorbenem und absterbendem Materiale —; die zweite mäßig — Grad II: Entnahme von unterdrückten Stämmen —; die dritte stark — Grad III: Aushieb der beherrschten Stämme. In beiden Hauptflächen bildet die Fichte die ausschließliche Holzart; der Standort ist genau derselbe (die Flächen liegen nur einige Hundert Schritte von einander entfernt); jedoch ist die Begründungsart verschieden, indem die eine — 38jährig — durch Saat, die andere — 37jährig — durch Pflanzung entstand. Letzterer Umstand in Verbindung mit den sonst gleichen Standortsfaktoren mag die Vergleichung der Stammzahllinien schon an und für sich interessant erscheinen lassen; für unser Thema ist jedoch speziell die Frage von Wichtigkeit: **In welcher Weise verschieben sich infolge verschiedener Durchforstung nach einem gewissen Zeitraume die Stammzahlen innerhalb der Stärkestufen oder anders ausgedrückt: Wie gestaltet sich der Zuwachs der einzelnen Stammstärken?**

Zieht man nach Umfluß einer Wuchsperiode — in unserem Beispiele 5 Jahre — auf Grund sorgfältiger Bestandesaufnahme, selbstverständlich vor wiederholter Durchforstung, neuerdings die Stammzahlcurve, so macht dieselbe die inzwischen eingetretene Stärkeverschiebung ersichtlich. Dieselbe ist kaum fühlbar in den schwächsten Stammklassen des Vollbestandes oder in Grad I, dagegen schon beträchtlich in Grad III, in welch letzterem die punktirte Linie der

*) Der betreffende Bestand stockt 780 m hoch über dem Meere auf ebenem Terrain, das einen frischen, lockeren, lehmigen Sandboden enthält.

**) Ganghofer, forstl. Versuchswesen Bd. II. S. 247 ff.

zweiten Aufnahme eine Neigung gegen die höheren Durchmesserstufen und zugleich eine Verschiebung des Culminationspunktes im selben Sinne erfahren hat. Mit zunehmendem Stärkegrade der Durchforstung geht die Hebung der punktirten Linie in den höheren Stärkestufen im Vergleiche zu den übrigen Hand in Hand.

Dieser graphische Weg beweist uns, daß es hauptsächlich die starken Stammklassen sind, welchen die kräftige Durchforstung zu gute kommt.

Eine genaue Verfolgung der Zuwachsgröße am einzelnen Stamme resp. den einzelnen Stammklassen ist nur möglich durch Numerirung derselben. Dieses Princip verfolgt der Kanton-Oberförster Riniker für mehrere Ertragsflächen im Kanton Aargau. In dessen Schriftchen*) „Der Zuwachsgang in Fichten- und Buchenbeständen unter dem Einflusse von Lichtungshieben“ sind die Kluppmanuale nach einzelnen numerirten Stämmen für die Aufnahmen in verschiedenen Wuchsperioden veröffentlicht. Um den Stammzahlcurven jüngerer Bestände eine solche älteren Bestandes entgegenstellen und damit zugleich rechnerische Grundlage über die Leistung verschiedener Stammklassen gewinnen zu können, suchen wir die Angaben des Kluppmanuales über Probefläche III im Hard, 70jähriger Fichten- und Tannenbestand (20 ar groß), weiter zu verwerthen. Das Manual bietet die Stämme (173 Stück), wie sie in der Natur nebeneinander stehend numerirt und auf mm genau gemessen wurden. Wir faßten nun die Stämme unter Bildung von Durchmesserklassen von je 3 cm (wie 13,0 cm bis 15,9; 16,0 bis 18,9 cm u. s. f.) zusammen, berechneten für jede Klasse das Mittel der Messungen und trugen die diesem Mittel entsprechende Stammzahl — Durchmesser als Abscisse, Stammzahl als Ordinate angenommen — graphisch auf (s. Fig. II auf S. 17). Dies geschah für die Aufnahme unmittelbar nach dem Aushiebe von 7,5 % der vorhandenen Stammzahl. Nach Umfluß einer Wuchsperiode von 5 Jahren ermöglicht die Numerirung der einzelnen Stämme, die Klassen mit den nämlichen Stämmen wie vor 5 Jahren auszustatten und den Zuwachs dieser Klassen zu ermitteln. Für die berechneten neuen Durch-

*) Davos, 1887 in Hugo Richter's Verlag.

messer jeder Klasse wurden wiederum die entsprechenden Stammzahlen aufgetragen. Somit läßt die Differenz zwischen den Punkten gleicher Stammzahl (Ringe und Kreuze) in der Darstellung direkt die Durchmesserzunahme des Klassenmittelstammes pro 5 Jahre erkennen. Zugleich wurde der durchschnittliche Kreisflächenzuwachs — Ordinate — pro 5 Jahre

Fig. II.

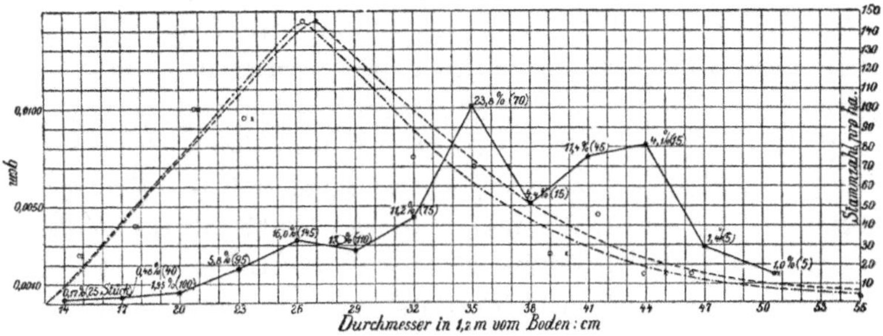

Zeichenerklärung: -·-·-·-·-·- Stammzahlcurve unmittelbar nach Durchforstung. ----------- Stammzahlcurve 5 Jahre nach Durchforstung. } Ordinate rechts.

——— Durchschnitt. Kreisflächenzuwachs der Klassenmittelstämme in 5 Jahren. } Ordinate links.

für die Mittelstämme der einzelnen Klassen unter Zugrundelegung des Durchmessers als Abscisse ersichtlich gemacht; schließlich wurden die Prozente berechnet, mit welchen sich die verschiedenen Durchmesserstufen am gesammten Grundflächenzuwachse betheiligten. Die gebrochene Linie der graphischen Darstellung trägt für die einzelnen Durchmesserstufen von 3 zu 3 cm die Anzahl der Prozente, mit welcher sich die in Klammer beigesetzte Stammzahl der betreffenden Durchmesserstufe am gesammten Grundflächenzuwachse der in Betracht kommenden 5 Jahre betheiligte. Hier zeigte sich nun, daß die prozentuale Leistung bei den schwächeren stammzahlreichen Klassen äußerst gering ist, daß eine allmählige Zunahme mit Steigen des Durchmessers stattfindet bis zu einem Culminationspunkte und dann wieder Sinken eintritt. Die Culmination fiel bei einem Durchmesserspatium von 10—69 cm der Klasse 35 cm bei nur 10 % der Stammzahl mit 23,8 % der Gesammtleistung zu. 34,6 % der **Gesammtstammzahl**, den **schwächeren Klassen angehörend**, hat nur

8,5 % der Gesammtleistung, dagegen 65,4 % der Gesammtstammzahl, den stärkeren Klassen angehörend, 91,5 % der Gesammtleistung an Grundflächenzuwachs aufzuweisen. Somit waren von 800 Stämmen pro ha, trotzdem ein Aushieb von 7,5 % der Stammzahl vorhergegangen war, nahezu 300 Stämme in sehr geringem Maße zuwachsthätig.

Eine zahlengemäße Untersuchung über die Betheiligung der Stärkeklassen am Bestandeszuwachse stellte Dr. Grundner an*). Er berechnet, daß in der stärkeren Hälfte eines und desselben Bestandes der Schwerpunkt des Zuwachses in solchem Maße liege, daß auf diese Stämme, wenn man von ganz jugendlichen Beständen absehe, wenigstens 80 % des Gesammtzuwachses entfalle. Zum gleichen Resultate gelangte Dr. Speidel in seinen „Waldbaulichen Forschungen in württembergischen Fichtenbeständen"**), indem er zu dem Satze hingeführt wird, daß die stärkere Hälfte des Bestandes über 4/5 des Kreisflächen- und vermuthlich auch des Schaftmassenzuwachses produzire***).

Die oben erwähnte Numerirung erscheint überflüssig, wenn der Erfolg einer Wirthschaftsmaßregel durch die Leistung der Stämme in ihrer Gesammtheit sich deutlich ausdrückt. Nehmen wir an, sämmtliche Stämme eines Bestandes hätten denselben Brusthöhendurchmesser und es wäre also $\frac{G}{z} = \frac{D^2\pi}{4}$, so muß uns dieses Mittel ein zur Vergleichung sehr geeignetes Bild für die Bestandesverfassung, wie sie durch den verschiedenartigen Eingriff unmittelbar und mittelbar verändert wird, abgeben. Daß die Stammzahl eine Hauptrolle spielt, ist ganz selbstverständlich. Dieselbe muß theoretisch für die zusammengehörigen Einzelflächen bei Beginn des Versuches als gleich angenommen werden; praktisch dagegen ist die völlige Uebereinstimmung nur zufallsweise gegeben und man muß sich daher begnügen, wenn keine zu erheblichen Stammzahldifferenzen vorhanden sind. Infolge erstmaliger Durchforstung zeigen die ursprünglich gleichen Mittel-

*) Allg. Forst- und Jagdzeitung 1888, S. 14.

**) Tübingen, 1889, S. 49.

***) Vergl. Schwappach: „Die Hauptproduktion erfolgt lediglich durch dominirende Stämme." Danck. Zeitschr. 1888, S. 612.

durchmesser der Einzelflächen Differenzen, die für den Grad der Durchforstung charakteristisch sind. Je stärker nämlich der Hieb das Nebenbestandsmaterial reduzirt, je weiter man den Begriff des Nebenbestandes faßt, um so mehr Stämme unterliegen dem Aushiebe und um so höher hebt sich mit Sinken von z der arithmetisch mittlere Durchmesser. Wir haben daher bei der für eine Durchforstungsperiode abgleichenden Rechnung zwischen einer künstlichen Vorschiebung des Mitteldurchmessers, begründet in der Ausführung der Durchforstung (im Grade) und zwischen der natürlichen Zunahme desselben auf Grund gesteigerten Zuwachses zu unterscheiden. Erstere ist bis zu einer gewissen Grenze die Ursache der letzteren.

Bleiben wir bei den schon angeführten Beispielen des Forstamtes Sachsenried!

In dem 37jährigen Fichtenpflanzbestande der Habratshoferflur betrug vor Einlegung der Durchforstung in Einzelfläche:

Grad	I	die Stammzahl	pro ha	5316,	mit Kreisfläche	55,0	qm
=	II	=	= =	5252	= =	56,6	=
=	III	=	= =	5110	= =	53,3	=

Die erste Durchforstung entnahm aus

Fläche	I	die Stammzahl	1256	mit	2,0	qm	Kreisfl.
=	II	= =	2056	=	6,3	=	=
=	III	= =	2428	=	8,4	=	=

Hiernach berechnete sich lediglich in Folge des Aushiebes ungleicher Stammzahlen und Stärken der arithmetische Mitteldurchmesser für

Fläche	I	auf	128	mm
=	II	=	142	=
=	III	=	146	=

Nach Umfluß einer Wuchsperiode von 5 Jahren wurden die Einzelflächen vor wiederholter Durchforstung abermals aufgenommen und stellte sich nunmehr der Mittelstammdurchmesser in

Fläche	I	auf	137	mm
=	II	=	154	=
=	III	=	160	=

Sonach war der Mittelstamm in

Fläche	I	um	9	mm
=	II	=	12	=
=	III	=	14	=

in 5 Jahren zugewachsen, woraus hervorgeht, daß der Mittelstamm von Fläche II gegenüber dem von I um 3 mm und Fläche III gegenüber dem von I um 5 mm in derselben Zeit mehr an Stärke zugenommen hat.

In dem 36jährigen Fichtensaatbestande der Habratshoferflur war vor Beginn des Versuches in

Fläche I	die Stammzahl	19 268;	die Kreisflächensumme	49,9 qm
„ II	„ „	19 312	„ „	53,6 „
„ III	„ „	18 743	„ „	50,1 „

Die Durchforstung entnahm aus:

Fläche I	die Stammzahl	11 840 St.	u. Kreisflächensumme	6,5 qm
„ II	„ „	14 048 „	„ „	12,1 „
„ III	„ „	14 788 „	„ „	16,1 „

wonach sich der Mittelstammdurchmesser des verbleibenden Bestandes berechnete in

Fläche I	auf	86 mm
„ II	„	100 „
„ III	„	105 „

Nach einer Wuchsperiode von 5 Jahren stellte sich derselbe in

Fläche I	auf	97 mm	sonach Zunahme in 5 Jahren	11 mm
„ II	„	112 „		12 „
„ III	„	118 „		13 „

und die thatsächliche Mehrleistung gegenüber Grad I bei Grad II auf 1 und bei Grad III auf 2 mm in der Stärke.

Daß in dem Saatbestande nur solch geringe Unterschiede in der Stärkezunahme der beiden letzten Durchforstungsgrade sich bemerkbar machen, dürfte wohl darin seinen Grund haben, daß der Aushieb des abständigen Materiales in Grad I auch dem bisher viel zu dichten Bestande von wesentlichem Vortheile war, der eben die Wirkung der einzelnen Grade bei der Vergleichung zu verwischen geeignet ist.

Angenommen, sämmtliche Stämme in einem Bestande hätten im Laufe der letzten Wuchsperiode von 5 Jahren gleichmäßige Durchmesserzunahme erfahren, so würden die Stämme des:

Pflanzbestandes	in Fl. II	um je 0,6 mm;	in Fl. III	um je 1 mm
Saatbestandes	„ „ II	„ „ 0,2 „	„ „ III	„ „ 0,4 „

pro Jahr an Stärke gegenüber denen von Grad I oder des Vollbestandes zugenommen haben.

Die absolute Kreisflächenzunahme betrug hierbei pro Jahr und ha:

a. im Pflanzbestande in Fl. I 1,50 qm; Fl. II 1,75 qm; Fl. III 1,87 qm
b. „ Saatbestande „ „ I 2,02 „ „ II 1,98 „ „ III 1,87 „

War mit fortschreitendem Durchforstungsgrade in dem Pflanzbestande, der von frühester Jugend an lichter gestellt war, die absolute Zuwachsgröße erheblich gestiegen, so hatte in dem bisher zu gedrängten Saatbestande die Durchforstung die umgekehrte Wirkung zur Folge. Aber auch trotz des sinkenden absoluten Zuwachses ist, wie aus vorhergehender Zusammenstellung ersichtlich, die raschere Bestandeserstarkung in Fläche III gegenüber I immerhin noch beträchtlich. Ueber die relativ höhere Zuwachsleistung der verringerten Stammzahl resp. Kreisflächensumme in Grad II und III gegenüber I giebt uns das Zuwachsprozent Aufschluß und wir möchten versuchen, mit Hilfe desselben uns eine Vorstellung über den zeitlichen Vorschub der Nutzung, welcher der rascheren Bestandeserstarkung entspricht, ein Bild zu verschaffen, besonders da letzterer Größe bei der Beurtheilung der Rentabilitätsfrage eine nicht unbedeutende Rolle zukommen dürfte.

Je nach dem Grade reduzirt eine Durchforstung die Kreisflächensumme (bezogen auf 1,3 m vom Boden) des betreffenden Bestandes in der Weise, daß dem stärksten Grade die geringste Grundflächensumme verbleibt. Würde nach einem gewissen Produktionszeitraume im stärksten Grade wie im Vergleichsgrade dieselbe Zuwachsgröße erzeugt, so wäre die Leistung keineswegs auch eine gleiche, vielmehr eine um so höhere, je geringer die produzirende Summe war. Ueber diese relative Größe ertheilt das Kreisflächenzuwachsprozent Aufschluß. Wir wählen dieses und nicht das Massenzuwachsprozent zur Vergleichung, weil die Ermittelung der Grundfläche ziemlich sicher durchgeführt werden kann und daher eine genaue Rechnungsunterlage gewährt, ferner weil wir hier speziell die Stärkezunahme bei verschiedenen Durchforstungsgraden verfolgen wollen.

Es bezeichne g die Kreisfläche eines Bestandes zur Zeit des Beginnes der Untersuchung und G dieselbe nach n jährigem Wachsthum, so ist der jährliche Kreisflächenzuwachs im periodischen Durchschnitte $\frac{G-g}{n}$. Während dieser n Jahre ist $\frac{G-g}{n}$ durchaus keine konstante Größe, sondern der Zuwachs steigt unmittelbar nach Ausführung der Durchforstung an und nimmt mit der Verdichtung des Bestandesschlusses wiederum ab. Es kann daher weder g noch das vor einem Jahre vor Abschluß der Untersuchung vorhandene $g + \frac{G-g}{n}(n-1)$ als Kapital der Zuwachsrechnung zu Grunde gelegt werden, sondern das Mittel zwischen diesen beiden Extremen, nämlich das in der Mitte der Periode thätige Kapital wird am besten zum Anhalte dienen. Hiernach ist das Kreisflächenzuwachsprozent

$$p = \frac{\frac{G-g}{n}}{\frac{g + \frac{G-g}{n}(n+1) + g}{2 \cdot 100}} \text{ oder}$$

$$p = \frac{200\,(G-g)}{G\,(n-1) + g\,(n+1)}.$$

In den vorangeführten Versuchsflächen des Forstamtes Sachsenried war, wenn die Kreisflächensummen der einzelnen Flächen und deren Zuwachsprozente durch den Index der betreffenden Durchforstungsgrade gekennzeichnet werden:

a. für den Pflanzbestand

$G_I = 60,53$ qm, $g_I = 53,01$ qm
$G_{II} = 59,39$ „ $g_{II} = 50,65$ „
$G_{III} = 54,29$ „ $g_{III} = 44,92$ „

und mit Hilfe obiger Formel berechnet sich für die Wuchsperiode von 5 Jahren

p_I auf 2,68 %
p_{II} „ 3,22 %
p_{III} „ 3,85 %;

b. für den Saatbestand war

$G_I = 53,42$, $g_I = 43,33$ und hiernach $p_I = 4,27$
$G_{II} = 51,41$, $g_{II} = 41,50$ „ „ $p_{II} = 4,39$
$G_{III} = 43,29$, $g_{III} = 33,92$ „ „ $p_{III} = 5,02$

Der Aushieb hatte betragen:

	im Pflanzbestande	im Saatbestande	
Fläche II	5 %	4 %	der ursprünglichen
" III	16 %	22 %	Grundfläche.

Die Vergleichung der Zuwachsprozente des Pflanzbestandes mit denen des Saatbestandes muß zur Ueberzeugung führen, daß der Pflanzbestand infolge des Aushiebes bei Grad II und III gegenüber Grad I mehr geleistet hat resp. rascher erstarkt ist als die gleichen Flächen des Saatbestandes.

Es liegt also hier eine Verschiebung in der Zeit der Nutzung vor. Wir wollen nun versuchen, letztere rechnerisch zu bestimmen. Zu diesem Behufe gehen wir vom Kreisflächenzuwachsprozente selbst aus und unterscheiden zwischen einer möglichen und der wirklichen Leistung eines Bestandes.

Es habe der Vollbestand innerhalb einer Durchforstungsperiode von n Jahren seine Kreisfläche g auf G gehoben und hierbei mit dem Zuwachsprozente p_I gearbeitet, während der mäßige Grad das Prozent p_{II} und der starke p_{III} erreichte. Nun fragt es sich, in welcher Zeit x hätte der Vollbestand seine wirkliche Leistung vollbringen müssen, um dieselbe Wuchsenergie (der Stärkezunahme nach) wie Grad II oder Grad III zu entfalten. Offenbar muß diese Zeit eine dem Grade entsprechend kürzere sein. Um dies zu erfahren, benutzen wir die Gleichungen:

$$p_I = \frac{200\,(G - g)}{G\,(n - 1) + g\,(n + 1)} \quad \text{und}$$

$$p_{II\,(III)} = \frac{200\,(G - g)}{G\,(x - 1) + g\,(x + 1)},$$

woraus man nach deren Entwickelung, indem die Ausdrücke für 200 (G — g) einander gleichgesetzt werden, findet

$$x = \frac{p_I}{p_{II\,(III)}} \cdot n + \frac{(G - g)\,(p_{II\,(III)} - p_I)}{(G + g)\,p_{II\,(III)}}.$$

Der zweite Ausdruck des Aggregates ist für unsere Zwecke eine unbedeutende Größe, so daß sie füglich außer Acht bleiben kann.

Auf Grund der Formel $x = \frac{p_I}{p_{II\,(III)}} \cdot n$ berechnet sich:

a. für den Pflanzbestand:

bei Fläche I gegenüber II $x = 0{,}84 \times 5 = 4{,}2$ Jahre

„ „ I „ III $x = 0{,}71 \times 5 = 3{,}6$ „ ;

b. für den Saatbestand:

bei Fläche I gegenüber II $x = 0{,}97 \times 5 = 4{,}9$ Jahre

„ „ I „ III $x = 0{,}86 \times 5 = 4{,}3$ „ ;

das heißt also, wenn wir den ersten Fall ins Auge fassen, Grad I hätte statt in 5 Jahren schon in 4,2 Jahren Produktionszeit seinen thatsächlichen Zuwachs anlegen müssen, wenn er dieselbe Wuchsenergie wie Grad II entfalten sollte; es war hiermit Fläche I um 0,8 Jahre (Vegetationszeit) in der Stärkeproduktion zurückgeblieben oder Fläche II um den nämlichen Betrag der Haubarkeit näher gerückt.

Ganz allgemein läßt sich sagen, daß *mit der Größe der Differenz der Vergleichsprozente der zeitliche Vorschub der Nutzbarkeit wächst.*

Die Natur des Zuwachsprozentes bringt es mit sich, daß mit zunehmendem Bestandesalter, selbst gleichbleibenden oder noch steigenden Zuwachs vorausgesetzt, eine stetige langsame Abnahme der Prozentziffer eintritt, indem das fixe arbeitende Kapital — wenn nicht störende Eingriffe gemacht werden — im Bestande sich in dem Maße häuft, als die Zeit der Haubarkeit näher rückt; dagegen die produzirte Größe im Verhältnisse zu diesem Kapitale eine mehr und mehr verschwindende wird.

Das Sinken des Prozentes muß in allen drei Vergleichsflächen eintreten, jedoch wird, wenn man in Flächen mit Grad II und III für Verminderung der Stammzahl und damit auch der Kreisflächensumme in angemessenen Zwischenräumen Sorge trägt, das produzirende Kapital dieser Flächen beständig wiederum verringert, und muß sich daher das Prozent derselben über jenem des Vollbestandes halten, das ist, die raschere Bestandeserstarkung muß ständig Fortschritte machen.

Dies ist auch ohne weiteres klar, wenn man erwägt, daß bei dem abgeminderten Kapitale eine verhältnißmäßig geringe Stammzahl sich in den Jahreszuwachs theilt, so daß die raschere Durchmesserzunahme der einzelnen Stämme möglich wird.

Um ein kontrastirendes Beispiel aufzustellen, nehmen wir an, es stehen dem Vollbestande als Vergleichsobjekt auf der Flächeneinheit nur vereinzelte in völligem Freistand befindliche Stämme gleichen Alters gegenüber, so wird man wohl zugeben müssen, daß hierbei die Differenz der Zuwachsprozente gegenüber den anderen Fällen ein Maximum erreicht und daß der überhaupt physiologisch mögliche Vorschub in der Durchmessererstarkung erfolgt. Andererseits zeigt dieses abstrakte Beispiel auch, daß die höhere absolute Produktion weitaus auf Seite des geschlossenen Bestandes zu suchen ist und daß es mit zunehmendem Durchforstungsgrade resp. überhaupt mit zunehmender Lockerung des Bestandesschlusses eine gewisse mit dem Bestandesalter wechselnde Grenze geben muß, bis zu welcher der Aushieb die Stärkezunahme fördern kann, ohne zugleich die Verminderung der absoluten Zuwachsgröße zu bewirken.

b. Höhe und Stammform.

Wenn es sich um die Beurtheilung des Gebrauchswerthes eines Einzelstammes handelt, so sind im Allgemeinen nächst der Stärke die Höhe und die Stammform maßgebend; dasselbe gilt für den ganzen Bestand. Daraus geht die hohe Bedeutung hervor, welche die Durchforstungen von diesem Gesichtspunkte aus gewinnen.

Man sollte glauben, daß ein Vergleich der arithmetisch mittleren Bestandeshöhe verschiedener Durchforstungsgrade, wie das Aufnahmeverfahren dieselbe darstellt, einen unmittelbaren Schluß auf den Höhenwuchs zuließen; allein schon die erstmalige Durchforstung verschiebt mit dem Aushiebsgrade, wie wir schon oben gesehen, den mittleren Durchmesser und damit auch die mittlere Höhe, so daß sich eine dem Grade entsprechende Höhenabstufung ergiebt — eine Verschiebung der ursprünglich gleichen Höhen, welche durch wiederholte ungleiche Aushiebe fortgesetzt und noch gesteigert wird. Man vermag somit nicht ohne weiteres zu unterscheiden, was auf Rechnung des Aushiebes zu setzen und was direkte Wirkung der Durchforstung ist. Fällt auch die mittlere Bestandeshöhe als rechnerisches Kriterium hinweg, so vermögen gleichwohl Erwägungen, die von den Wachsthumsgesetzen ausgehen, und anderweitige Untersuchungen dahin zu führen, einigermaßen über den Gang des Höhenwuchses Klarheit zu erhalten.

Wenn der Satz, daß die Höhe eine Funktion der Stärke ist, für regelmäßige Bestände gleichen Standorts und gleicher Wuchsbedingungen als giltig angenommen werden darf — und die Erfahrung hat dies bisher bestätigt — so folgert für Bestände verschiedenen Durchforstungsgrades mit der künstlichen Veränderung des Wuchsraumes und der Wuchsbedingungen auch die Veränderung genannter Funktion. Stämme derselben Grundstärke werden im großen Durchschnitt in den verschiedenen Einzelflächen nicht auch die gleiche Höhe haben. Mit dem ausgedehnten Wuchsraume des Grades III kann Stärke wie Höhe ungehindert zunehmen, dagegen wirkt enger Schluß, Kronenbedrängung ähnlich wie die Aestung. Es gelangen nämlich die Bildungsstoffe nicht in demselben Maße nach den unteren Stammtheilen, während die oberen genügende Nahrung erhalten, womit das Zurückbleiben der Stärke gegenüber der Höhe zu erklären sein dürfte.

Mit diesem Verhalten ist zugleich auch die Stammform bei verschiedenem Schlußgrade bedingt und gegeben. Der lichtere Stand verleiht mehr kegelförmige, der Stand im Schlusse mehr vollformige Gestalt.

In der Literatur finden sich verschiedentlich Ansichten über die Abhängigkeit des Höhenwuchses vom Bestandesschluß. So schreibt v. Guttenberg in seiner Abhandlung über den Einfluß des Bestandesschlusses*) auf Höhenwuchs und Form, daß Stärken- und Höhenwuchs im Schlusse gemindert werde; jedoch wäre die Zunahme der Höhe weniger gehemmt als die des Durchmessers, so daß der Stamm eine höhere und schlankere Form erhalte.

Weise sagt**): „Unter zu starkem Schlusse leiden Höhen- und Stärkenwuchs derartig, daß die große Stammzahl den Ausfall an Masse nicht ersetzt; bei zu geringer bleibt der Höhenwuchs zurück."

Anderwärts***) heißt es, daß normale Ausbildung eines Stammes normalen Wachsraum erfordere; eine Verringerung desselben verringere die Ausbildung nach Höhe und Durchmesser — Guse führt für Kiefernbestände an, daß frühzeitige starke Durchforstungen den Stärkewuchs auf Kosten des Höhenwuchses begünstigen.

---

*) Oesterr. Vierteljahrsschrift 1886, p. 103.

**) Weise, Chronik 1881, S. 25.

***) Baur, Centr.-Bl. 1882, p. 137.

Ein Mittel steht uns offen, die den verschiedenen Durchforstungsgraden entsprechenden Höhenveränderungen zu bemessen und anschaulich zu machen, in welcher Weise sich die Höhenfunktion bei verschiedenem Schlußgrade verschiebt — nämlich die graphische Darstellung.

Trägt man in gleichen Abständen auf der Abscissenachse die Durchmesserstufen, welche in dem zu untersuchenden Bestande vorkommen, auf, nimmt hierzu die korrespondirenden Höhen als Ordinaten und verbindet letztere durch einen Zug aus freier Hand, so ergiebt sich eine Höhencurve, die gegenüber der arithmetisch-mittleren Bestandeshöhe als vergleichender Maßstab das voraus hat, daß sie nicht im Durchschnitte die Mehr- oder Minderleistung in dieser Hinsicht im Allgemeinen zeigt, sondern speziell in den einzelnen Stärkestufen hervortreten läßt und darum zur vergleichenden Würdigung um so werthvoller erscheint.

In zwei Versuchshauptflächen, die nach dem Arbeitsplane der forstlichen Versuchsanstalten angelegt und seit 18 Jahren behandelt sind, hat Verfasser eine größere Anzahl von Höhenmessungen vorgenommen, um auf vorerwähntem graphischem Wege zu untersuchen,

Fig. III a. Fig. III b.

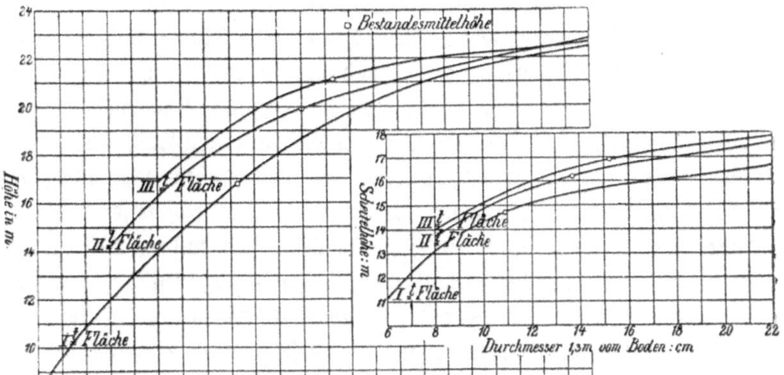

wie mit dem Durchforstungsgrade für eine und dieselbe Durchmesserklasse die Höhenfunktion sich ändert (S. Fig. III a u. III b). — Die eine Hauptfläche — ein 67jähriger Buchenbestand — stockt im Centralgebiete des Steigerwaldes (Forstamt Fabrikschleichach) auf Boden bester Bonität (Keuperkalk). Die Standortsbeschaffenheit ist in den drei Einzelflächen die nämliche, so daß bezüglich der Vergleichsfähigkeit kein Zweifel besteht. Auch befindet sich die gesammte Hauptfläche insofern in einer sehr günstigen Verfassung, als sie die verschiedenen Grade gut zum Ausdruck bringt (Fig. IIIa). Solche günstigen Verhältnisse besitzt in gleicher Weise eine Durchforstungsfläche bestehend aus 46jährigen Kiefern des Hauptmoorwaldes (Forstamt Bamberg), nur mit dem Unterschiede, daß die Bonität bei dem ausgesprochenen armen Sandboden eine den vorigen Flächen entgegengesetzte ist (Fig. IIIb). Trotzdem aber — und dies verdient besonders hervorgehoben zu werden — lassen beide Flächen im wesentlichen das gleiche Höhenwuchsgesetz beobachten, daß mit gesteigertem Durchforstungsgrade die Höhenentwickelung der Durchmesserzunahme ganz beträchtlich vorauseilt, daß also wenigstens während eines gewissen Bestandesalters der stärkste Grad im Verhältnisse die höchsten und schlanksten Stämme erzeugt.

Die beigefügten Diagramme lassen bei jeder Fläche die Unterschiede im Höhenwuchse, wie er durch die betreffenden Grade veranlaßt ist, ersehen. Während der 46jährige Kiefernbestand noch in der Periode der lebhaftesten Höhenentwickelung steht, ist dieselbe bei dem 67jährigen Buchenbestande in der Hauptsache als abgeschlossen zu betrachten. Aus diesem Grunde sind wohl in den höheren Stärkestufen die Höhendifferenzen im ersten Falle beträchtlich, im letzten dagegen ist nahezu Gleichheit der Höhen eingetreten und scheint sogar der Höhenwuchs in Grad III (Durchmesser 26—28) unter die übrigen Grade sinken zu wollen. Es kann nicht beifallen, aus dem Höhenwuchse der beiden angeführten Bestände auf das endgültige Resultat zur Zeit der Haubarkeit schließen zu wollen; doch darf analog dem Wuchsverhalten eines freistehenden Stammes, der immerhin als Extrem seine Beachtung verdient, vermuthet werden, daß durch die starke Durchforstung die Culmination des Höhenwuchses ebenso wie die Stärkeproduktion überhaupt zeitlich vorgeschoben wird und daß die absolute Höhenwuchsleistung durch diesen Grad eine Verminderung erfahren kann.

Die mittlere Bestandesformzahl, sei es Schaft-, Derb- oder

Baumformzahl, eignet sich, wie auch das Mittel berechnet sein mag, noch weniger als die mittlere Bestandeshöhe zur direkten Vergleichung, um über die Formveränderung gleich alter aber verschieden behandelter Bestände bestimmte Gesetze herauszufinden. Es arbeiten zu mannigfache Faktoren zu deren Bestimmung zusammen, so daß keine Klarheit zu erzielen wäre. Nur die Vergleichung von Stämmen derselben Stärke und Höhe aus den Einzelflächen könnte charakteristische Differenzen feststellen lassen; allein, wie vorbemerkt, muß die Höhenfunktion mit dem Aushiebsgrade sich ändern und durch diesen Umstand die Möglichkeit der Vergleichung auf ein Minimum zurückgeführt werden. Würde nach einer Durchforstungsperiode die Bestandesaufnahme mit Fällung einer genügenden Anzahl von Probestämmen vor Ausscheidung des Nebenbestandes und die Berechnung der mittleren Bestandeshöhe und Formzahl incl. Nebenbestand stattfinden, so wären letztere von Periode zu Periode vergleichbar; allerdings müßte dann die durch Abzug des Nebenbestandsmateriales veränderte Mittelhöhe und Formzahl behufs Herstellung des Vergleichszustandes für die kommende Durchforstungsperiode durch Interpolation gewonnen werden.

Uebrigens dürfte auch für die Form das gleiche graphische Verfahren wie bei der Bestandeshöhe Anwendung finden und von Erfolg begleitet sein; namentlich wenn dasselbe zugleich mit der Darstellung der Höhenfunktion verbunden wird; denn unzweifelhaft ist innerhalb des nämlichen, gleichartig begründeten und behandelten Bestandes die Formzahl gleichfalls eine Funktion der Grundstärke. Bei dem Abschlusse der Durchforstungsversuche wird man, wenn eine große Anzahl von gefällten Stämmen zur Verfügung steht, durch die Stammanalyse sowohl Höhe wie Formzahl in den verschiedenen Bestandesaltern ermitteln und so auf das Genaueste Höhenwuchs, Formgestaltung und Masse der Haubarkeitsstämme durch alle Perioden zurückverfolgen und in oben angegebener Weise zur Vergleichung ziehen können.

Hinsichtlich der Formgestaltung mag jedoch auf Grund physiologischer Wachsthumsgesetze und bisheriger Erfahrungen gelten:

In der Jugend, zur Zeit des kräftigsten Höhenwachsthums, wird, wenn der Zuwachs durch Aushiebe Anregung erhält, eine schlankere Form als im schwach durchforsteten Bestande entstehen, erst mit der weiteren Ausbildung der Krone, dem Sinken des Höhenwuchses und des laufenden Zuwachses überhaupt wird in der Hauptsache eine Annäherung an die Form des gemeinen Kegels sich geltend machen, während dichter Schlußstand bei langsamerer Höhenentwickelung stetig die Vollformigkeit fördert. Im letzteren Falle wird nächst der vortheilhaften Form noch Astreinheit und Glattschaftigkeit erzielt, dagegen begünstigt die Erweiterung des Wuchsraumes, wenn sie über den starken Grad des Arbeitsplanes der Versuchsanstalten hinausgeht und eine Unterbrechung des Schlusses zur Folge hat, ganz besonders die Astverbreitung, den reichlicheren Zutritt von Luft und Licht in den Kronenraum und das Innere des Bestandes, bewahrt die Lebensfähigkeit der unteren Aeste und benimmt zugleich jene vortheilhaften Umstände, welche das rasche Abfaulen der dürren Aeste begünstigen. Sämmtliche Nachtheile, die mit zu starkem Aushiebe verknüpft sind, müssen in dem Grade sich fühlbar machen, als die Hiebe frühzeitig begonnen werden und in kurzen Zwischenräumen wiederkehren. Aus dieser Erkenntniß sind vielfache in Einzelheiten differirende Vorschläge der Praxis*) entsprungen, dahin gehend, die ersten Durchforstungen schwach zu nehmen und erst gegen Ende des Haupt-Längenwachsthums der Bestände stark einzugreifen.

c. Gesammtmasse.

Bisher beschäftigten uns die einzelnen Faktoren der Bestandesmasse, nunmehr wollen wir das Produkt, welches durch ihr Zusammenwirken entsteht, betrachten. Hat sich schon im Einzelnen gezeigt, wie die Verschiedenartigkeit des Eingriffes den Wachsthumsgang zu ändern und zu modifiziren vermag, so muß sich diese Thatsache durch die Gesammtleistung in noch höherem Maße aussprechen.

Es genügt oberflächliches Durchgehen verschieden behandelter gleichalter Bestände, um sich davon zu überzeugen, daß die Bestandeserstarkung mit zunehmendem Aushiebsgrade gleichen Schritt hält. Man empfängt hierbei den Eindruck, als sei eine stark durch-

---

*) Vergl. Baur, Centr.-Bl. 1883, p. 323; 1884, p. 561. Schweiz. Zeitschr. 1885, p 27.

forstete Fläche älter und hieraus kann selbst der Laie ganz allgemein den Schluß auf frühere Haubarkeit ziehen, nachdem letztere, abgesehen vom Betriebsplane, nicht durch die auf einer Fläche stockende Festmeterquantität, sondern durch die Stärkedimension der einzelnen Bäume bestimmt ist. Dieser zeitliche Vorschub der Nutzung, wie er aus unseren Beispielen der Stärkezunahme mit dem Grade der Durchforstung deutlich hervorgeht, wird keines weiteren Beweises bedürfen. Mit der Erkenntniß dieses Vorschubes muß sich aber unmittelbar die Frage aufdrängen: „Wie verhält sich die Gesammtwachsthumsleistung der Vergleichsbestände für die Flächeneinheit?"

Wir nehmen zu dieser Untersuchung Versuchshauptflächen zum Anhalte, die schon zum dritten Male durchforstet und daher am ehesten geeignet sind, zur Untersuchung zu dienen und zwar:

1. einen 51jährigen Fichtenbestand, entstanden durch Naturverjüngung im kgl. Forstamte Ottobeuren, Distr. Liebenthannerwald, Abth. Kohlstattkopf.
2. einen 53jährigen Fichtenbestand, desgleichen aus natürlicher Verjüngung hervorgegangen im kgl. Forstreviere Grafrath, Distr. Meringerwald.
3. einen 63jährigen Fichten- und Tannenbestand, gleichfalls Naturverjüngung, im kgl. Forstamte Ottobeuren, Distr. Liebenthannerwald, Abth. Schochenteich.

Den Befund an Wachsthumsleistung weist die Tabelle auf Seite 32 nach.

Unsere Abhandlung setzt für jede Versuchshauptfläche durchweg gleiche Standortsfaktoren voraus, so daß die Verschiedenheit der erzielten Versuchsresultate ausschließlich aus der Art der Wirthschaftsmaßregel und ihrer Handhabung entnommen werden kann und deshalb schließlich zu festen Regeln, welche für die gleichen Verhältnisse Anwendung finden, zu führen vermag. — Man muß annehmen, daß bei gleicher Standortsgüte gleichalterige Bestände von derselben Begründungsart und dem nämlichen Schlußgrade (Stammzahlgleichheit) auch eine gleiche Produktionsgröße aufweisen. Wenn nun Stammzahlverschiedenheit besteht, wenn sich in dem einen Bestande mehr, in dem andern weniger Individuen, jedoch bei *Erhaltung des Bestandesschlusses, in dieselbe produzirende* Größe theilen,

Art der Durchforstung	Gesammtleistung an Kreisfl. Sa. qm	Gesammtleistung an Derb- u. Reisholzmasse fm	Hiervon Zwischennutzung %	Gesammt-Durchschnittszuwachs Kreisflächen- qm	Gesammt-Durchschnittszuwachs Massen- fm	Gegenwärtige Stammzahl	Gegenwärtige Kreisfl. Sa. qm	Gegenwärtige Masse fm	Mittlere Stammstärke cm	Mittlere Bestandeshöhe m	Bemerkungen
1. Forstamt Ottobeuren, Distr. Liebenthannerwald, Abth. Kohlstattkopf. Durchforstungszeitraum 18 Jahre. Gegenw. Alter 51 Jahre.											
I. Schwache Durchforstung	66,05 (39,2)	644,26	6,4	1,29	12,9	2472 (4900)	58,40	602,6	17,3 (10,1)	16,9 (13,5)	1. Durchforstung im Alter von 33 Jahren
II. Mäßige "	75,29 (42,3)	834,71	11,8	1,47	16,3	2221 (5835)	59,28	736,4	18,4 (9,6)	19,8 (13,5)	2. Durchforstung im Alter von 43 Jahren
III. Starke "	79,76 (35,9)	753,63	17,3	1,56	14,7	1823 (4986)	52,96	622,6	19,3 (9,6)	18,3 (13,5)	3. Durchforstung im Alter von 46 Jahren.
2. Forstrevier Grafrath, Distr. Fürstenfelderwald, Abth. Meringerwald. Durchforstungszeitraum 17 Jahre. Gegenw. Alter 53 Jahre.											
I. Schwache Durchforstung	47,95 (29,6)	385,54	11,90	0,90	7,3	3425 (6075)	40,27	339,5	12,2	12,2	1. Durchforstung im Alter von 36 Jahren
II. Mäßige "	61,59 (34,0)	501,31	31,06	1,16	9,4	2411 (7944)	37,7	345,9	14,1	14,3	2. Durchforstung im Alter von 46 Jahren
III. Starke "	62,21 (32,4)	564,56	31,27	1,17	10,6	1747 (7055)	37,3	388,0	16,5	16,1	3. Durchforstung im Alter von 48 Jahren.
3. Forstamt Ottobeuren, Distr. Liebenthannerwald, Abth. Schochenteich. Durchforstungszeitraum 18 Jahre. Gegenw. Alter 63 Jahre.											
I. Schwache Durchforstung	83,74 (51,8)	962,5	13,2	1,34	15,2	2043 (5322)	65,97	835,0	20,3	21,2	1. Durchforstung im Alter von 45 Jahren
II. Mäßige "	96,99 (62,1)	1198,5	25,3	1,54	19,0	1863 (6013)	63,95	895,2	20,9	22,7	2. Durchforstung im Alter von 55 Jahren
III. Starke "	97,24 (60,2)	1088,3	29,0	1,54	17,2	1542 (6154)	59,13	772,1	22,1	21,1	3. Durchforstung im Alter von 58 Jahren.

( ) Kreisfl. Summe, Stammzahl, Mittlere Stammstärke und Höhe vor erster Durchforstung.

so liegt nahe, daß nur eine Verschiebung, nicht aber eine Vermehrung der absoluten Zuwachsgröße auf der Flächeneinheit sich ergiebt; wird jedoch durch Aushieb der Bestandesschluß mehr oder weniger unterbrochen, so ändern die Standortsfaktoren ihren Werth und ihre Wirksamkeit und damit ändert sich zugleich die gesammte Produktionsmenge selbst. — Ob in diesem Falle vorübergehende oder anhaltende Steigerung erfolgt, kann vorläufig nicht bewiesen werden. Der Eingriff in das Kronendach gewährt Licht, Wärme und Niederschlägen leichteres Eindringen in das Bestandesinnere, als dies beim vollen Bestandesschlusse der Fall war; die cambiale Thätigkeit erwacht früher und hält länger an; die physikalischen Eigenschaften des Bodens gestalten sich günstiger durch Ab- und Ausfaulen der Abhiebsstöcke, da Bodenlockerung und Luftzirkulation gefördert werden; der aufgespeicherte Humus wird rascher nutzbar und ermöglicht eine gesteigerte physiologische Thätigkeit der Wurzelorgane — lauter vortheilhafte Umstände, die, sich gegenseitig unterstützend, die Wachsthumsleistung auf eine beträchtliche Höhe heben. Starke Aushiebe, die Ursache der angespannten Wachsthumsthätigkeit, können in ihrer Fortsetzung aber auch die Ursache der Abspannung sein*); denn sind einmal die im Boden vorhandenen alsbald löslichen Nährstoffe aufgebraucht, ist der Humus, dieses vom Bestande selbst bereitete und ständig erneute Düngungsmittel, verarbeitet und ist die Bestandesverfassung nicht mehr in der Lage, die Bedingungen für dessen vortheilhafte Erneuerung in genügendem Maße gewährleisten zu können, so schwinden zugleich die durch denselben bedingten physikalischen und chemischen Bodenzustände und der reichlichere Licht- und Wärmezufluß, anfänglich so anregend wirkend, kann mit der Zeit den ursprünglichen Vortheil in's Gegentheil verwandeln. Wir müssen also bei Unterbrechung des Bestandesschlusses, soferne nicht für Bodenschutz Sorge getragen wird, mit der Möglichkeit eines Rückschlages — auf schlechtem Standorte wird er zur Gewißheit werden — rechnen. Es muß dies nicht nur für starke Durchforstungen mit Schlußunterbrechung, sondern auch, und zwar in höherem Maßstabe, für die später zu behandelnden Lichtungen geltend gemacht werden.

---

*) Hartig-Weber, das Holz der Rothbuche. S. 63.

Wir glaubten diese allgemeine Betrachtung anstellen zu sollen, bevor wir an die kritische Beurtheilung der in vorstehender Zusammenstellung gegebenen Massenerträge herantraten. Zunächst fällt nun hierbei in's Gewicht, daß die angeführten Bestände kaum die Hälfte der in Fichtenbeständen üblichen Umtriebszeit überschritten haben und daß die Dauer des Durchforstungszeitraumes (in maximo 18 Jahre) im Verhältniß zum Bestandesleben eine sehr kurze ist. Es verbietet sich daher von selbst, unbedingt sichere Schlüsse aus den bisherigen Resultaten ziehen zu wollen, überdies auch noch aus dem Grunde, da dieselben einseitig sind d. i. aus reinen Fichten (geringe Beimischung von Tannen) stammen.

In Fläche 1 und 3, welche in ihrer Standortsgüte über die I. Bonität der Ertragstafeln noch hinausgehen, culminirt, trotz der nahezu gleichen mittleren Bestandesstärke bei Beginn des Versuches, die Gesammtmasse in Grad II. Es scheint hier die größere Stammzahl mehr geleistet zu haben als die geringere — vorausgesetzt, daß nicht Standortsdifferenzen, welche dem Auge des Beobachters sich entziehen, die Ursache sind.

Fläche 2 enthält eine angemessene Stammzahlabstufung und weist mit dem Durchforstungsgrade steigende Erträge auf, gehört jedoch einer geringeren Bonität an als die vorigen.

Trotzdem in den angeführten Versuchsflächen noch kein bestimmt ausgesprochenes Gesetz über die Höhe des absoluten Zuwachses erkennbar ist, so müssen sie uns doch beweisen, daß die kräftige Durchforstung eine völlige Umwälzung im Bestandesleben herbeiführt. Diese Umwälzung ist aber voraussichtlich nur eine Umwälzung im Sinne der Verschiebung des Zuwachses nach Zeit und Objekt. Der starke Grad beschleunigt nämlich den Aushieb des Zwischennutzungsmateriales, vermindert rasch die Stammzahl, während der Vollbestand das Zwischennutzungsmaterial viel länger bei sich behält und diesem noch die Möglichkeit bietet, sich am Gesammtzuwachse, wenn auch mit verhältnißmäßig sehr geringem Prozente, zu betheiligen.

Die periodenweise anfallenden Summen an Zwischennutzungsmaterial bilden bei der starken Durchforstung annähernd eine absteigende, bei der schwachen eine aufsteigende Reihe*). Dieser Gang im Zwischennutzungsmaterial hat bei dem Hauptbestande im starken Grade gegenüber dem schwachen das frühere Culminiren des laufenden Zuwachses mit dem durchschnittlichen zur Folge. Die absolute Produktionsgröße bleibt daher zwar nicht pro Jahr und ha für die Einzelflächen gleich, wohl aber kann die Gesammtleistung in späterem Bestandesalter, wenn die Durchforstungsinstruktion für die forstlichen Versuchsanstalten eingehalten, also Bestandesschluß gewahrt wird, sich gleichstellen. Legt man auf die frühzeitigere Bestandeserstarkung ein zu großes Gewicht (Wagener), so kann sogar ein Sinken gegenüber dem Vollbestande eintreten.

Für die Gleichstellung der Gesammtmassenproduktion in einem gewissen Zeitpunkte dürfte mehr als ein Anhaltspunkt gegeben sein. Zunächst deutet hierauf das raschere Sinken des Kreisflächenzuwachsprozentes der letzten fünfjährigen Durchforstungsperiode vom Grade III hin. Die Prozente der extremen Grade näherten sich bis auf wenige Zehntel.

Beispielsweise betrug in Fläche 3 das Kreisflächenzuwachsprozent

der I. 10jähr. Durchf.-Periode in Grad I 3 %, in Grad III 4,5 %
" III. 5 " " " " " I 2 %, " " III 2,1 %

Da die zu Grunde liegende werbende Grundflächensumme nicht die gleiche ist, so ist auch die absolute Zuwachsgröße für I und III verschieden. (Wir setzen nur die extremen Grade einander gegenüber.)

Der absolute durchschnittliche Kreisflächenzuwachs für die letzten 5 Jahre beläuft sich

in I auf 1,34 qm
" III " 1,22 "

Da nun die mittlere Bestandeshöhe in beiden Flächen dieselbe ist, so neigt sich bereits die absolut größere Leistung dem Vollbestande zu. — In Fläche 2, welche mit Abnahme der Stammzahlen steigende Massenproduktion zeigt und damit unbedingt in dieser Hinsicht für die starke Durchforstung zu sprechen scheint, war das Kreisflächenzuwachsprozent

der I. 10jähr. Durchf.-Periode in Grad I 3,2, in Grad III 4,9 %
" II. 5 " " " " " I 2,3, " " III 2,7 %

*) Hartig-Weber, Das Holz der Rothbuche. Berlin 1888. S. 96.

Die Gesammtdurchschnittsproduktion an Kreisfläche betrug jährlich
pro ha in Grad I 0,90 qm, in Grad III 1,17 qm,
die Durchschnittsproduktion der letzten 5 Jahre
in Grad I 0,93 qm, in Grad III 1,12 qm.

Es vollzieht sich also auch hier (auf der geringeren Bonität) schon der Umschwung. Der absolute Kreisflächenzuwachs steigt in I noch über den durchschnittlichen und fällt in III unter denselben. Vorerst wird wohl die absolute Massenerzeugung von III noch über I sich halten, namentlich da auch eine Höhendifferenz zu Gunsten von III besteht; jedoch darf eingeräumt werden, daß bei gleicher Bonität beide Flächen mindestens dieselbe Bestandeshöhe erreichen werden. (Unter „Bestandeshöhe" ist sogar ausgesprochen, daß in dem stärksten Grade ein Sinken unter I stattfinden kann.) Hat sich nun der Kreisflächenzuwachs durch weiteres Steigen in dem stammreichen Bestande durch Sinken in dem stammarmen gleichgestellt, so bürgt schon die größere Stammzahl mit dem zu erwartenden steigenden Höhenwuchse für die Hebung der absoluten Leistung von I in einem gewissen Zeitpunkte über III.

Eine annähernde Ausgleichung der Gesammtmassenproduktion ist somit ziemlich wahrscheinlich.

Uebrigens steht die hier vertretene Ansicht nicht vereinzelt da — die von andrer Seite angestellten Vergleichungen gaben schon positive Resultate. So machte Kammerrath Horn in Braunschweig, woselbst man durch Berechtigungen gezwungen war, noch über den Grad III der Versuchsanstalten hinauszugehen, die Erfahrung, daß starke Durchforstungen in Buchenbeständen, soferne dieselben sich auf jüngere Bestände erstreckten, in dem gewöhnlichen Turnus in gleicher Stärke nicht wiederholt werden konnten; man mußte entweder die Zwischenräume zwischen den Hieben verlängern oder die Abtriebsmasse ermäßigen. Die Gesammtmassenerträge nach den bisherigen Erfahrungen, namentlich auf Boden mittlerer Güte, waren gleich, ob man nun sehr stark oder nach den gewöhnlichen Regeln durchforstete.*)

Ferner verdanken wir Schwappach eine vergleichende Unter-

*) Danckelm., Z. 1885, S. 125.

suchung*) über die Wirkung verschiedener Durchforstungsgrade in einem 60jährigen Buchenbestande mit dem Ergebnisse, daß nach Umfluß einer dreimaligen Durchforstungsperiode von je 5 Jahren eine fast absolute Gleichheit der Gesammtmassenproduktion auf den verschiedenen Unterflächen bestehe. Schwappach konstatirt zugleich, daß der Massenvorrath der kräftig durchforsteten Fläche hinter jenem des Grades I zurückblieb.

Hier darf eine gewichtige Aeußerung Schuberg's nicht übergangen werden, welche gelegentlich der Verhandlungen des elsaß-lothringischen Forstvereins 1887 bei Behandlung des Themas: „Welche Ansichten herrschen zur Zeit über die Durchforstungen?" gefallen ist.**) Dieselbe bezeichnet die Meinung, man könne durch starke Durchforstungen den Gesammtertrag eines Waldes vermehren, als eine irrige und sucht die Bedeutung der starken Durchforstungen nur in dem erhöhten Werthertrage. Diese Erfahrung ist um so beweiskräftiger, als sie an Beständen der Weißtanne gemacht wurde — einer Holzart, die anerkanntermaßen für Lichtwuchs überhaupt dankbarer ist, als die Fichte.

Daß in der Berücksichtigung des Momentes der Zeit, also im Vorschube der Nutzung und ihrem höheren Werthe, der Schwerpunkt der Durchforstungen liege, betonte namentlich v. Baur in seiner Abhandlung über Durchforstungen und Durchforstungsversuche***), indem er darauf hinwies, daß es Aufgabe des Staates, der Gemeinden und der Privaten sei, den produktionsfähigen Boden so zu bewirthschaften, daß von ihm in der kürzesten Zeit möglichst viele hochwerthige Produkte gewonnen werden.

Wir können demnach die bisher gewonnenen Resultate bezüglich der Gesammtleistung verschiedengradig durchforsteter Bestände dahin zusammenfassen, daß wir sagen: Mit der Stärke des Eingriffs muß nicht unbedingt auch eine Steigerung der Gesammtproduktion erfolgen, vielmehr werden sich wahrscheinlich in höherem Bestandes-

---

*) Danckm. Z. f. F. u. J. 1888, S. 609.

**) Bericht über die 12. Versammlung des elsaß-lothr. Forstvereins, Barr. 1887, S. 23.

***) Ganghofer, Bd. II. 1884, S. 209.

alter die Gesammtmassen annähernd ausgleichen, wie auch der Durchforstungsgrad gewesen sein mag; als Thatsache steht fest, daß der kräftige Aushieb den Bestandeszuwachs, in welchen sich beim Vollbestande viele Individuen theilen, auf weniger Stämme konzentrirt, daß daher die Möglichkeit der früheren Nutzung und unter Umständen höhere Gesammtwertherzeugung zu erwarten ist.

Es obliegt uns noch der Frage Raum zu geben, welchen Einfluß der Beginn der Durchforstungen und die Periodenlänge auf Zuwachsgröße und Güte ausüben.

Die waldbaulichen Rücksichten, die mit Standort, Bestandesverfassung und Ansprüchen der bestandesbildenden Holzarten rechnen, diktiren dem Wirthschafter in jedem speziellen Falle den vortheilhaftesten Zeitpunkt des Beginnes. Es verbietet namentlich die Fürsorge für die Ausbildung der Stammform — und nur zur Nutzholzproduktion geeignete Bestände verdienen intensive Pflege — allzufrühe Einlage der Durchforstungen, wenn nicht die nutzbarsten Stämme frühzeitig aufgeastet werden können. In der Bestandesjugend hat nicht die absolute Größe des Zuwachses, sondern die Art der Anlagerung das leitende Motiv für die Maßregel des Eingriffes in einem Bestande zu bilden. Es besteht keine Aussicht durch Nichtbeachtung dieses Grundsatzes den Gesammtertrag zu erhöhen. Eine allerdings erreichbare rasche Bestandeserstarkung ginge in dem jugendlichen Alter auf Kosten der Qualität des Produktes und möglicherweise auch auf Kosten der Standortsgüte selbst.

Wenn verschiedene Durchforstungsgrade die Gesammtzuwachsgröße nicht ändern können, so werden auch die Durchforstungsintervalle, ob sie nun von längerer oder kürzerer Dauer sind, dies nicht vermögen. Der Zuwachsgang muß selbstverständlich in innigem Zusammenhange mit der Periodendauer stehen. Kurze Zwischenräume steigern den Effekt jedes einzelnen Grades in seiner Weise, lange lassen denselben weniger hervortreten. Erstere beschleunigen den Eingang des Zwischennutzungsmateriales, letztere schieben denselben hinaus. Die absolute Größe der Zwischennutzungen hält innerhalb der Perioden den umgekehrten Gang ein; sie wird durch häufige Wiederkehr des Hiebes vermindert — der Zuwachs den dominirenden Stämmen zugewendet, durch größere Pausen aber vermehrt — das Zwischennutzungsmaterial hat längere Zeit, wenn auch in geringem Maße an dem Gesammtzuwachse theilzunehmen; es fördern daher im Allgemeinen kurze Zeiträume die Erzeugung von Hauptnutzungsmaterial.

Es ist klar, daß die Periodendauer die Wirkung der einzelnen Grade vielfach modifizirt und die Ursache von Uebergangszuständen sein kann. Ganz besonderes Gewicht ist den kurzen Perioden in dem schwachen und mäßigen Grade beizulegen, weil dieselben das Mittel an die Hand geben, die Erhaltung der Bodenthätigkeit vortheilhaft zu wahren und andrerseits eine Wirkung, wie sie einem höheren Grade allerdings in kürzerer Zeit entspricht, hervorzubringen. Diese beschleunigte Wirkung muß jedoch durch den mit detailirter Wirthschaftsführung verknüpften größeren Aufwand an Arbeitskraft erkauft werden. Ich möchte die Durchforstungen die Athemzüge eines Bestandes nennen, welche zu seiner Kräftigung ev. Erstarkung unerläßlich sind. Wie nämlich die gleichmäßigen Athemzüge im Leben des Menschen, so können nur gleichmäßige, das ist dem Grade angepaßte, Durchforstungsperioden dem Einzelstamme, dem Bestandesleben am nutzbringendsten sein. Der Zuwachs erfolgt alsdann nicht sprungweise, sondern in regelmäßigen Jahresringen und darum auch qualitativ — soweit die Struktur des Holzes in Betracht kommt — in bester Form.

Zum Schlusse mögen die von den bisherigen Durchforstungsprinzipien abweichenden Theorien von Wagener und Borggreve einer kurzen Betrachtung über ihren Einfluß auf den Zuwachsgang der Bäume unterzogen werden. Die Ansichten über diese beiden Theorien sind in fachmännischen Kreisen noch sehr getheilt und eine große Polemik hat sich an dieselben geknüpft.

Borggreve huldigt dem Conservatismus, Wagener ist radikal — das ist mit wenigen Worten die von den Durchforstungsreformatoren vertretene Richtung; oder anders ausgedrückt: Wagener sucht mit seiner Theorie die Produktionszeit in der denkbar möglichsten Weise abzukürzen; Borggreve verlängert dieselbe. Abkürzung und Verlängerung des Umtriebes stehen sich hier gegenüber. Ersterer begünstigt das Wachsthum der kräftigsten, dominirenden Stämme durch frühzeitigen — im 30. Jahre beginnenden — Kronenfreihieb auf ca. 50 cm; letzterer entfernt die prädominirenden Stämme, welche den Nachbaren gegenüber als Protzen erscheinen, und sucht durch gleichförmige Herstellung des Kronendaches namentlich in späterem Alter (Hieb auf den 5. Stamm) eine höhere und bessere Ausnutzung des Zuwachses herbeizuführen. Wagener erhält daher schon frühzeitig Zwischennutzungsmaterial in bedeutender Menge, jedoch von geringen Dimensionen; Borggreves Durchforstungsart bringt anfänglich geringes und schwaches Material, mit dem Beginne der eigentlichen Plänterdurchforstnng schon kräftige Stämme ein, bietet somit im Zwischennutzungsmateriale eine reichlichere Sortimenten-Abwechslung und erhöht diese Erträge ganz beträchtlich; allerdings bleibt es fraglich, ob diese Erhöhung nicht zum guten Theile auf Kosten des Zuwachses am Hauptbestande geht. Als Endzweck erreicht Wagener frühzeitige Gewinnung von Starknutzholz (Blochholz), das allerdings bezüglich seiner Qualität einigem Zweifel unterworfen werden darf; Borggreve dagegen eine ziemlich später erfolgende Gewinnung von Langnutzholz, das sicherlich an guten Eigenschaften nichts zu wünschen übrig läßt.

Welchem von den beiden Durchforstungsbetrieben mehr Berechtigung einzuräumen ist, kann wegen Mangel thatsächlich genügender Erfahrungen der Praxis noch lange nicht entschieden werden.

2. Rentabilität.

„Schon aus der Geschichte der Durchforstungen geht bis jetzt", wie v. Baur in deren Darlegung schreibt, „hervor, daß dieselben für den forstwirthschaftlichen Betrieb und insbesondere für die höhere Rentabilität der Waldungen von einschneidenster Bedeutung sind."*) Im Allgemeinen ist eine Durchforstung schon dann zu rechtfertigen, wenn die Vortheile für den bleibenden Bestand so groß sind, daß die Unkosten gedeckt werden.**) Jene Fälle jedoch, in welchen der Aufwand gar nicht oder nur theilweise durch das Material ersetzt würde, nicht aber auch ein Ueberschuß über denselben eingebracht würde, be-

*) Baur Centrbl. 1882, S. 21.

**) Österr. Viertelj. 1884, S. 15. v. Guttenberg, Statistik des Durchforstungsbetriebes.

schränkt sich auf ungünstige Absatzgebiete, zumeist auf Gebirgswaldungen. Wir wollen solche Durchforstungen nicht in den Bereich unserer Betrachtungen ziehen, da sie vom Rentabilitätsstandpunkte aus mehr den Charakter von Reinigungen besitzen. In der weitaus größten Mehrzahl der Fälle braucht daher die Rentabilitätsrechnung der Durchforstungen nicht etwa wie bei den Aestungen oder Reinigungen davon auszugehen Aufwand und Erfolg zu vergleichen, indem der Aufwand eine subtraktive Größe bildet, die umsomehr gegenüber dem Plus des Erlöses in den Hintergrund tritt, je kräftiger die Durchforstung geführt wurde und je älter der Bestand war, welchen sie berührte. Meist ist schon eine schwache Durchforstung rentabel, indem sie nämlich das unterdrückte, todte Capital in eine andere arbeitende Capitalform überführt.

Die Berücksichtigung des Bodencapitales, der Auslagen für Verwaltung, Schutz, Steuern und der Culturkosten ist für unsere Vergleichszwecke, soweit der Vergleich der Nutzung nur innerhalb der gleichbleibenden Umtriebszeit erfolgt, nicht nöthig, sondern es dürfte genügen, die Abtriebsnutzung resp. den derzeitigen Vorrath an Hauptnutzungsmaterial und die einzelnen Durchforstungserträge in den verschiedenen Graden — soweit dies möglich — für den aussetzenden wie auch für den nachhaltigen Betrieb zur Beurtheilung der Rentabilität in Parallele zu setzen. Es können hierbei, wie überhaupt auf eine gründliche genügende Lösung der Rentabilitätsfrage mangels des grundlegenden Materiales verzichtet werden muß, Folgerungen, die mehr auf allgemeinen Grundsätzen beruhen und nicht direkt sich von speziellen Fällen herleiten lassen, nicht umgangen werden.

a. Aussetzender Betrieb.

Es ist erklärlich, wenn ein Waldbesitzer von jedem konkreten Bestande einen möglichst hohen Erlös zu erringen trachtet und zu jener Bestandesbehandlung hinneigt, welche diesen zu leisten verspricht. Gesetzt nun, man vergleiche von diesem Standpunkte aus die erwähnten verschieden durchforsteten Flächen Nr. 1*) und Nr. 3 nach dem bisherigen Ergebnisse und zwar die Extreme Grad I und III.

*) In Nr. 2 kam ein beträchtlicher Anfall von Schneebruchmaterial vor und wird aus diesem Grunde von der Werthsvergleichung abgesehen.

Fläche Nr. 1, Abth. Kohlstattkopf.

A. Einzelfläche I. (Schwacher Grad.)

Der Bestandesvorrath betrug im Alter von 33 Jahren, also vor 18 Jahren, nach erstmaliger Durchforstung 389,6 fm Derb- und Reisholz, zur Zeit der Untersuchung 602,6 fm.

Die Durchforstungserträge warfen ab

vor 8 Jahren	5,4 fm = ca. 1080 Stck. Nutzstangen (mittlere Stärke 4 cm, mittlere Länge 7 m) pro 100 Stck. 2 Mk. . . .	= 21,6 Mk.
" 5 "	20,8 fm = ca. 1300 Stck. Nutzstangen (mittlere Stärke 7 cm, mittlere Länge 8 m) pro 100 Stck. 7 Mk. . . .	= 91,0 "
" 0 "	15,4 fm = ca. 340 Stck. Nutzstangen (mittlere Stärke 10,5 cm, mittlere Länge 11 m) pro 100 Stck. 18 Mk. . . .	= 61,2 "

Bei der Sortimentsausscheidung nach Stückzahl folgte man der mittleren Stärke und Höhe des ausgeforsteten Materiales, das die Aufnahmen genau verbucht hatten. Für den Preisansatz war der Forstpreistarif eines bayr. Forstamtes maßgebend, der eben zur Verfügung stand und es mußte darauf Rücksicht genommen werden, daß das Material zum größten Theile völlig dürr und daher geringwerthiger als grünes war.

Mit der Unterstellung, daß die Gelderträge mit dem landesüblichen Zinsfuße 3,5 % verzinslich angelegt wurden, berechnet sich:

a. der Jetztwerth der Zwischennutzung D vom Jahre n auf

$D_8 = 21{,}6 \times 1{,}035^8 = 28{,}5$ Mk.

$D_5 = 91{,}0 \times 1{,}035^5 = 108{,}3$ "

$D_0 = \ldots\ldots = 61{,}2$ "

Sa. 198,0 Mk.

b. der Vorrathswerth an Derb- und Nutzholz bei einem durchschnittlichen Verkaufswerthe von 7 Mk. pro Festmeter (durchschnittliche Bestandesstärke 17 cm) auf

602,6 à 7 Mk. = 4218,2 Mk.

und somit die Gesammtleistung an Haupt- und Nebenbestand im Alter von 51 Jahren auf 4416,2 Mk.

B. Einzelfläche III. (Starker Grad.)

Der Bestandesvorrath betrug im Alter von 33 Jahren nach erstmaliger Durchforstung nur 226,9 fm, zur Zeit der Untersuchung 622,6 fm.

Die Durchforstung ergab an Derb- und Reisholz

vor 18 Jahren	48,8 fm = ca. 1950 Stck. Nutzstangen (8 cm mittlere Stärke und 9,5 m mittlere Länge) pro 100 Stck. 12 Mk.	=	234,0 Mk.
„ 8 „	31,0 fm = ca. 960 Stck. Nutzstangen (9 cm mittlere Stärke, 10 m mittlere Länge) pro 100 Stck. 20 Mk. . .	=	192,0 „
„ 5 „	38,9 fm = ca. 650 Stck. Nutzstangen (11 cm mittlere Stärke, 13 m mittlere Länge) pro 100 Stck. 25 Mk. . .	=	162,5 „
„ 0 „	12,4 fm = ca. 170 Stck. Nutzstangen pro 100 Stck. 30 Mk.	=	51,0 „

Bei denselben Unterstellungen wie in Einzelfläche I berechnet sich

a. der Werth der Zwischennutzungen

$D_{18} = 234{,}0 \times 1{,}035^{18} = 432\ 9$ Mk.
$D_{8} = 192{,}0 \times 1{,}035^{8} = 253{,}4$ „
$D_{5} = 162{,}5 \times 1{,}035^{5} = 193{,}3$ „
$D_{0} = \ldots\ldots = 51{,}0$ „

Sa. 930,6 Mk.

b. Bei der Werthsbemessung des Vorrathes am Hauptbestande dürfte die Werthszunahme infolge rascherer Bestandeserstarkung (mittlere Stärke 19 cm) in Rechnung zu nehmen sein und daher der Preis pro Festmeter auf 8 Mk. sich stellen.

Somit Werth des Vorrathes (Derb- und Reisholz)
622,6 fm × 8 Mk. = 4980,8 Mk.
Hierzu Werth der Zwischennutzungen = 930,6 „

Sa. 5911,4 Mk.

Gesammtleistung an Haupt- und Nebenbestand in 51 Jahren. Vergleicht man den Ertrag von Fläche I mit 4416,2 Mk. und jenen der Fläche III mit 5911,4 Mk., so ergiebt sich, daß die starke Durchforstung die schwache bei den gegebenen Verhältnissen um ca. 33 % im Ertrage übertrifft.

Wollte man von einer Preissteigerung im letzten Falle, die unbedingt, wenn auch nicht in der angenommenen Höhe, eintreten muß, gänzlich absehen, wollte man also die während 18 Jahren erfolgende raschere Bestandeserstarkung unbeachtet lassen, so berechnete sich trotzdem noch zu Gunsten der starken Durchforstung eine Mehrleistung von 20 %.

Fläche Nr. 3. Abth. Schochenteich.

A. Einzelfläche I. (Schwacher Grad.)

Der Bestandesvorrath an Derb- und Reisholz betrug im Alter von 43 Jahren pro Hectar zu Beginn des Versuches 485,2 fm, zu Ende 835,0 fm.

Die Durchforstungserträge waren

vor 8 Jahren	13,4 fm = ca. 1220 Stck. Nutzstangen (6 cm mittlere Stärke, 7,5 m mittlere Länge) pro 100 Stck. 8 Mk. . . . =	97,6 Mk.
" 5 "	64,1 fm = ca. 1600 Stck. Nutzstangen (9 cm mittlere Stärke, 12,5 m mittlere Länge) pro 100 Stck. 18 Mk. . . . =	288,0 "
" 0 "	48,0 fm (zu Brennholz aufgearbeitet) pro Festmeter 4 Mk. . . . . . . =	192,0 "

a. Der Jetztwerth dieser Nutzungen ist bei 3,5 % Zinseszins:

$$D_8 = 97{,}6 \times 1{,}035^8 = 128{,}8 \text{ Mk.}$$
$$D_5 = 288{,}0 \times 1{,}035^5 = 342{,}7 \text{ "}$$
$$D_0 = \ldots\ldots = 192{,}0 \text{ "}$$
$$663{,}5 \text{ Mk.}$$

b. Der Werth des derzeitigen Vorrathes dürfte bei der durchschnittlichen Bestandesstärke von 20 cm für Derb- und Reisholz pro Festmeter 8 Mk. und hiernach für 835,0 fm = 6680 Mk. betragen.

c. Die Gesammtleistung an Derb- und Reisholz wäre somit 7343,5 Mk.

B. Einzelfläche III. (Starker Grad.)

Bestandesvorrath nach erstmaliger Durchforstung war 426,5 fm pro Hectar, bei Schluß der Untersuchung 772,1 fm.

Die Durchforstungen lieferten:

vor 18 Jahren 125,5 fm = ca. 2700 Stck. Nutzstangen (10 cm mittlere Stärke, 12,2 m mittlere Länge) pro 100 Stck. 20 Mk. . . . = 540 Mk.

" 8 " 146,2 fm = ca. 2000 Stck. Nutzstangen (12 cm mittlere Stärke, 14 m mittlere Länge) pro 100 Stck. 25 Mk. . . . = 500 "

" 5 " 22,1 fm = ca. 220 Stck. Nutzstangen (13 cm mittlere Stärke, 17,5 m mittlere Länge) pro 100 Stck. 35 Mk. . . . = 77 "

" 0 " 22,5 fm = ca. 200 Stck. Nutzstangen (14 cm mittlere Stärke, 17 m mittlere Länge) pro 100 Stck. 40 Mk. . . . = 80 "

a. Der Jetztwerth dieser Zwischennutzungen berechnet sich auf

$D_{18} = 540 \times 1{,}035^{18} = 999{,}0$ Mk.

$D_8 = 500 \times 1{,}035^{8} = 660{,}0$ "

$D_5 = 77 \times 1{,}035^{5} = 91{,}6$ "

$D_0 = \ldots\ldots = 80{,}0$ "

Sa. 1830,6 Mk.

b. Der Vorrathswerth würde bei der durchschnittlichen Bestandesstärke von 22 cm und einem Preise von 9 Mk. pro Festmeter auf

$$772{,}1 \times 9 = 6948{,}9 \text{ Mk.}$$

sich stellen und

c. die Gesammtleistung an Haupt- und Zwischennutzungen für den 63jährigen Fichtenbestand sich auf 8779,5 Mk. beziffern.

Bei diesen Preisverhältnissen hat also der stark durchforstete um ca. 20 % mehr ertragen als der schwach durchforstete und dieser Umstand ist, wie die Ziffern in den beiden angeführten Flächen zeigen, zum größten Theile den zu verschiedenen Zeiten mit verschiedenem Werthe eingehenden Zwischennutzungen, aber auch der rascheren Bestandeserstarkung im III. Grade zu verdanken.

Schon aus der vergleichenden Betrachtung der von Anfang des Versuches ab thätigen Bestandescapitalien kann der Schluß auf die weitaus höhere Verzinsung des in Grad III arbeitenden Capitales gezogen werden. So war in Fläche 1

Grad	I	bei einem Anfangscapitale von 389,6 fm nach 3 Durchforstungsperioden der Endwerth nur	4416,2 Mk.
„	III	bei einem Anfangscapitale von 226,9 fm nach 3 Durchforstungsperioden der Endwerth von	5911,4 „

erreicht worden.

Eine genaue Berechnung der Verzinsung der Vorrathscapitalien bei verschiedener Durchforstungsweise könnte nicht auf die Dauer des ganzen Versuches ausgedehnt werden, sondern müßte sich, weil sowohl die Capitalien durch den Zuwachs als auch deren Werth ständig ändert, immer auf die einzelne Periode beschränken und erst der Verzinsungsgang durch das ganze Bestandesalter bei verschiedener Durchforstungsweise aber gleichen Perioden würde einen gründlichen vergleichenden Einblick gewähren.

Allgemein würde sich die Berechnung folgendermaßen gestalten:

Es sei p_x das gesuchte Prozent, zu welchem m, der Vorrath zu Beginn des Versuches resp. nach der ersten Durchforstung in n Jahren (Periodendauer) verzinst; ferner bedeute w die Werthseinheit pro Festmeter dieser Masse zur selben Zeit und z das Massenzuwachsprozent für die Periodendauer, schließlich W die Werthseinheit pro Festmeter, auf welche w nach n Jahren infolge Bestandeserstarkung und ev. Steigen der Holzpreise sich gehoben hat, so ist:

$$m \,.\, w \,.\, 1{,}0\,p_x^{\,n} = m W + m\,(1{,}0\,z^n - 1)\,W$$

oder bei Vereinfachung der Gleichung

$$1{,}0\,p_x^{\,n} = 1{,}0\,z^n \frac{W}{w}.$$

Diese Formel bestätigt uns nur die an und für sich klare Thatsache, daß die **Höhe der Verzinsung des Vorrathes abhängt von der Größe des Massenzuwachsprozentes und von der Werthsdifferenz, die infolge dieses Zuwachses zu erreichen** ist, das ist mit andern Worten: von der Raschheit der Bestandeserstarkung.

Die Rechnung mit Zahlen selbst zu führen hat ihre Hauptschwierigkeit darin, daß die Werthsänderung, welche in den verschieden behandelten Flächen verschieden vor sich geht, für einzelne und namentlich kleinere Perioden nicht mit der nöthigen Schärfe bestimmbar ist. In allen Fällen muß aber die höhere Verzinsung der stärkeren Durchforstung zuzusprechen sein; denn diese sorgt, wie im Vorausgehenden betont wurde, durch kräftigen Aushieb dafür, daß das Zuwachsprozent ständig über den schwachen Grad (wenn auch unbeträchtlich) sich hebt, der Zuwachs einer geringeren Stammzahl zugewendet und daher die raschere Bestandeserstarkung — eine erhebliche Werthsdifferenz bei demselben Bestandesalter in Grad III gegenüber Grad I — erzielt wird.

Wenn hiermit die Stärkedimension in erster Linie als werthserhöhend bezeichnet wurde, so darf doch auch die Qualität des Holzes, wie sie durch die verschiedenen Durchforstungsgrade bedingt wird, nicht übergangen werden, wenn es sich um den Einfluß des Holzwerthes auf die Gesammtleistung oder die Höhe der Verzinsung eines Bestandes handelt.

Jahrringbreite und Kronenspannung stehen in enger Beziehung. Je dichter der Kronenschluß, um so enger sind im Allgemeinen die Jahresringe der einzelnen Stämme. Mit dem Maße der Verminderung der Kronenspannung erweitert sich der Jahresring bis zu einer gewissen Grenze. Vollbestand und starker Aushieb repräsentiren die Extreme hinsichtlich der Jahrringbreite. Der mäßige Grad hält die vortheilhafte Mitte; denn es ist weder die mit der Stärkedimension in der Regel zunehmende Verengerung noch die Erweiterung technisch am werthvollsten, sondern die Gleichmäßigkeit des Holzbaues.

Uebrigens gebieten die physiologischen Wachsthumsgesetze bezüglich der Qualitätserzeugung einen Unterschied zu machen zwischen Laub- und Nadelholz. Während ersteres infolge rascheren Wachsthums durch starke Durchforstung an Qualität — breite Frühjahrszone und schmale Herbstzone — gewinnt, verliert in gleichem Maße das letztere. Ob jedoch dieser Satz hinsichtlich der Wirkung der Durchforstungen in seiner Allgemeinheit aufrecht erhalten werden kann, läßt sich, nachdem noch nicht genügende Untersuchungen hierüber vorliegen, zur Zeit nicht bestimmt behaupten.

Obschon die zu erzielenden im anatomischen Bau begründeten Qualitätsunterschiede einen erheblichen Einfluß auf die Preisbestimmung haben und für oder gegen eine Durchforstungsmaßregel sprechen können, so wird doch bei den meisten Holzarten — wenigstens Schattholzarten — der Stärke- und Längedimension der Hauptantheil für die Werthbestimmung der Produktionsgröße und der Werthveränderung zufallen. Dies gilt selbstverständlich wie für den konkreten Bestand, so auch für einen ganzen Betriebskomplex.

Es muß nochmals hervorgehoben werden, daß vorstehende in konkreten Beständen angestellte Rechnung sich nur auf die Bestandesleistung im Alter der Untersuchung bezieht und uns über das endgiltige Resultat in der Gesammtleistung im Unklaren läßt.

b. Nachhaltbetrieb.

Es seien zwei normale Betriebsklassen auf demselben Standorte mit der nämlichen Bestandesverfassung gegeben und man durchforste in der einen schwach, in der andern stark, so kann die durch letztere Maßregel hervorgebrachte Zuwachsumwälzung die Rentabilität der gesammten Waldwirthschaft nicht unberührt lassen.

Beide Betriebsklassen liefern einen jährlichen Reinertrag, der sich aus der Hauptnutzung A des n jährigen Schlages und aus den in den verschiedenen jüngeren Beständen anfallenden Durchforstungserträgen $D_a + D_b + \dots$ zusammensetzt.

Es sind nun verschiedene Möglichkeiten gegeben, welche eine Erhöhung der Rentabilität verursachen und darnach die Wahl der Durchforstungsart bestimmen können:

1. Bei gleichbleibender Umtriebszeit Steigerung des Abtriebsertrages oder der einzelnen Durchforstungsergebnisse oder beider zugleich;
2. bei gleichen Reinerträgen innerhalb derselben Zeit Ersparung an Produktionskapital;
3. Erzielung eines gleichhohen Reinertrages in kürzerer Zeit d. i. Abkürzung der Umtriebszeit.

ad 1. Die Waldwirthschaft im Nachhaltbetriebe ist durch die

Ertragsregelung so eingerichtet, daß jährlich eine annähernd gleiche Massengröße als Rente der thätigen Kapitalien anfällt. Wie im wirthschaftlichen Leben überhaupt Kapitalien, in der einen oder anderen Weise angelegt, bald mehr bald weniger Rente einbringen, so ist dies auch in der Waldwirthschaft der Fall. Der Zuwachsgang verschieden durchforsteter Bestände, über welchen man im Vorausgehenden sich klar zu werden versuchte, beweist die Möglichkeit der Umgestaltung der Kapitalform, soweit dieselbe durch die Holzmasse eines Bestandes repräsentirt ist, und diese liefert die der Umgestaltung entsprechende Rente. Selbst wenn auch in einer gewissen Zeit die absolute Erzeugung von Holzmasse (Gesammtleistung) sich gleichstellt, so ist eben doch die Form, in welcher sie geboten wird, eine andere und damit ist auch die Ungleichheit im Werthe gegeben. Die mögliche Erhöhung der Rente kann, die Richtigkeit voriger Annahme vorausgesetzt, nur im Verhältnisse von Abtriebs- und Durchforstungserträgen und bei diesem Verhältnisse in dem Werthmaße dieser Größen selbst gesucht werden. Hieraus folgert für diesen Rentabilitätsfall ganz allgemein: Je mehr das Prozent der Hauptnutzung und bei diesem wiederum das Nutzholzprozent überwiegt, um so höher ist die Werthserzeugung, um so höher die Rentabilität der diese Werthserzeugung fördernden Wirthschaftsmaßregel. Die aufgeführten Durchforstungsflächen lassen nur ersehen, daß bei dem starken Grade anfänglich das Zwischennutzungsprozent ein höheres ist als bei dem schwachen und daß die entgegengesetzten Grade den entgegengesetzten Gang bei dem Anfall von Zwischennutzungen beobachten, sie gewähren aber keinen Einblick in das Verhältniß von Haupt- und Zwischennutzungserträgnissen zur Zeit der Bestandesnutzung. Nun theilt Schuberg für die Tanne mit*), daß bei stammreich erzogenen Beständen ca. 30—40 % vom Gesammtertrage den Zwischennutzungen und 60—70 % dem Haubarkeitsertrage zufalle, während räumlich erzogene Bestände nur ca. 20—30 % Zwischennutzungen, dagegen 70—80 % Hauptnutzung liefern. Soferne diese Thatsache auch für andere Holzarten zutreffend ist, müßte schon aus diesem Grunde der höhere Ertrag dem räum-

---

*) Bericht über die 12. Versammlung des elsaß-lothringischen Forstvereins, Barr, 1887, S. 23.

lichen Stande, mithin auch der starken Durchforstung zuerkannt werden. Allerdings mögen Umstände lokaler und kommerzieller Natur zusammenwirken, um die höhere Prozentziffer von Zwischennutzungen, also die schwache Durchforstung gerechtfertigt erscheinen zu lassen; jedoch müssen solche Fälle als Ausnahmen gelten und haben jedenfalls keine derartige Beständigkeit, daß die Rentabilität des Nachhaltes damit zu rechnen hätte.

ad 2. Würden in den verschiedenen Betriebsklassen trotz verschiedenartiger Durchforstungsweise die jährlichen Waldreinerträge dieselben bleiben, würde die infolge des Zuwachsganges eintretende Aenderung der jährlichen Massenbezüge der Form nach (im vorher berührten Verhältnisse von Haupt- und Zwischennutzungen) nicht auch die Aenderung der Wertherträge bedingen, so wäre, ungeachtet der bestehenden Werthsgleichheit die höhere Rentabilität wiederum auf Seite der starken Durchforstung zu suchen, entsprechend dem nationalökonomischen Grundsatze, daß von verschiedenen zu demselben Endprodukte führenden Wirthschaftsweisen jener die höhere Rentabilität zukommt, welche das geringere Kapital aufwendet.

Bei der Durchforstung überhaupt beginnt die Kapitalverminderung des Bestandesvorrathes durch Entfernung von gänzlich unthätigen oder nur mit sehr geringem Zuwachsprozente arbeitenden Bestandesgliedern mit dem Eintritte eines Bestandes ins durchforstungsreife Alter und dauert für einen Betriebskomplex von diesem Zeitpunkte nahezu bis zur Haubarkeit an.

Der kräftige in kurzen Zwischenräumen wiederkehrende Aushieb setzt zu Beginn jeder Durchforstungsperiode die Hauptbestandesmasse, das Vorraths- und Produktionskapital, des betreffenden Bestandes unter den des Vollbestandes. Das anfallende Zwischennutzungsmaterial hätte, im Bestande selbst belassen, nur mit verhältnißmäßig geringem Zuwachsprozente weiter gearbeitet, während die rechtzeitige Nutzung, also die Kapitalverminderung, schon durch die Umformung in anderwärts höher thätiges Kapital genügend gerechtfertigt erscheint, ganz abgesehen von der Wirkung, welche diese Maßregel auf die Zuwachsthätigkeit des verbleibenden Bestandes — raschere Erstarkung — auszuüben vermag. Je früher nun die Durchforstung eingelegt, je kräftiger sie geführt wird (ohne die Gesammtleistung zu schmälern) um so höher muß sich bei solchem Betriebe die Ersparung an dem die Nachhaltigkeit gewährleistenden Normalvorrathe, um so höher die Rentabilität stellen.

Es ist bei der Rentabilitätsfrage der Durchforstungen unerläßlich, auch das Zwischennutzungsmaterial, solange es einen Bestandestheil bildet, als arbeitendes Kapital zu betrachten, dasselbe in den Normalvorrath einzubegreifen. Durch Verzögerung der Herausnahme des Nebenbestandes im schwachen Durchforstungsgrade wird vom durchforstungsreifen Alter ab ein höherer Kapitalstock zur Produktion aufgewendet als im starken Grade. In der Differenz des aufgewendeten Kapitales liegt nun die Ersparung, die mögliche Steigerung der Rentabilität. Für diese besteht aber eine unüberschreitbare zur Zeit nicht genau zu bestimmende Grenze. Wir möchten behaupten, daß sie ihren Höhepunkt findet zugleich im Maximum der Normalvorrathsdifferenz verschiedener Durchforstungsbetriebe, bei welcher eben noch gleichbleibende nachhaltige Werthproduktion möglich ist.

ad 3. Während uns für die beiden ersten Möglichkeiten der Rentabilitätserhöhung die Annahme leitete, daß die Reinerträge der im verschiedenen Durchforstungsbetriebe stehenden Wirthschaftskomplexe innerhalb der gleichen Zeit, d. h. desselben Turnus eingehen, müssen wir auch den Fall betrachten, daß sich die Gesammtnutzung infolge einer bestimmten Durchforstungsweise früher bewerkstelligen lasse als in einer andern. Wenn uns auch der Maßstab mangelt, jetzt schon die Abtriebsmasse eines stark durchforsteten Bestandes voraus zu bestimmen und noch mehr deren Werth festzusetzen, so können doch allgemeine Gesichtspunkte auf die Lösung dieser Frage hinweisen.

Es ist schon unter „Bestandesstärke“ gezeigt worden, daß die kräftige Durchforstung einer rascheren Bestandeserstarkung Vorschub leistet. Zuwachsprozent resp. absolute Zuwachsgröße und Stammzahl müssen in ihrem Zusammenwirken als Maßstab für die Größe dieses Vorschubes dienen. Wenn die ersten Durchforstungsperioden durchweg ersehen lassen, daß der geringeren Stammzahl das höhere Prozent zu folgen pflegt, so müssen die einzelnen Stämme um so mehr an Stärke zunehmen, je geringer die Stammzahl ist, die sich in den Zuwachs theilt. Selbst die gleichbleibende oder abnehmende absolute Zuwachsgröße im Vergleich zum schwach durchforsteten Bestande vermag den Fortschritt der rascheren Bestandeserstarkung nicht aufzuhalten und die naturgemäße Folge ist die Möglichkeit, die Nutzung in einem solchen Bestande frühzeitiger eintreten zu lassen und des weiteren, wenn die Mehrzahl der Bestände einer Betriebsklasse kräftig durchforstet wird, die Abkürzung der Umtriebszeit herbeizuführen. Daß dies gelingen wird, dürfen wir wohl nicht mehr bezweifeln; jedoch müssen wir bis zur Vollendung der exakten Versuche darauf verzichten, über die Anzahl der Jahre Gewißheit zu erlangen, ebenso darüber, mit welchen Kosten, etwa an Qualität des erzeugten Materiales nach Form oder technischen Eigenschaften oder Opfer an Standortsbonität die frühere Zeitigung erkauft werden müsse, d. i. bis zu welchem Grade letztere Momente im Stande sind, die durch Abkürzung der Umtriebszeit erzweckte höhere Rentabilität aufzuwiegen. Es fehlen somit ganz gewichtige Anhaltspunkte, deren Kenntniß für die Beurtheilung der Rentabilität des Nachhaltbetriebes unumgänglich nothwendig ist.

Für unsern Fall, daß nämlich die gleichen Reinerträge in kürzerer Zeit erzielt werden können, läßt sich allgemein der Satz aufstellen, daß die höhere Rentabilität des starken Eingriffes abgeleitet werden müsse aus dem Mehraufwande von Bodenkapital, Kulturkosten-, Verwaltungskosten- und Bestandeskapital, der bei dem jeweiligen niederen Grade noch nothwendig gewesen wäre, um zu denselben Reinerträgen zu gelangen.

Wenn wir nun einen Rückblick auf die Durchforstungen werfen und einen Schluß auf die zu wählende Durchforstungsart ziehen wollen, so müssen uns hierbei Gesichtspunkte von verschiedener Wichtigkeit leiten.

Die Staatsforstwirthschaft als Zweig der Staatswirthschaft hat nicht etwa als Hauptaufgabe zu betrachten, dem Waldboden möglichst raschen und hohen Gewinn abzujagen, die wirthschaftlichen Maßnahmen nach der höchstmöglichen Verzinsung der im Boden- und Bestandesaufwande liegenden Kapitalien zu bestimmen, sondern die Nachhaltigkeit der Wirthschaft muß den obersten Grundsatz bilden und erst im Rahmen dieses Grundsatzes hat die Rentabilitätsfrage Platz zu greifen. Denn, welcher Nutzen ist wohl von einer derzeitigen hohen Verzinsung der im Walde thätigen Kapitalien abzusehen, wenn die Rente selbst in ihrer Nachhaltigkeit gefährdet werden kann? Es wäre eine unverzeihliche Kurzsichtigkeit, wollte man im Staatsbetriebe nur der raschlebenden Gegenwart und ihren Anforderungen, nicht aber auch der Bedeutung des Waldes an und für sich Rechnung tragen. Sämmtliche Durchforstungsmaßregeln in der Staatsforstwirthschaft haben sich daher die Rücksichtnahme auf die Bewahrung und Erhaltung der Bodenthätigkeit und als erstes Erforderniß hierfür die Erhaltung des Kronenschlusses*) an die Stirne zu schreiben.

Wie überhaupt alle Extreme vom Uebel sind, so auch in der Entwickelung des Bestandeslebens. Es ist weder der zu dichte Schluß — wir verweisen hier auf Dr. v. Baur's Geschichte der Durchforstungen**) — noch auch der lichtere Stand, wenigstens in der Jugend, für die Bestandesentwickelung von Vortheil.

Es möge an dieser Stelle gestattet sein, auf den in der Einleitung angedeuteten Vergleich zwischen der Menschheit und dem Walde zurückzukommen. — Die Bestandesglieder erheischen wohl dieselbe Erziehungsweise wie die Menschen. Zuviel Freiheit in der Jugend macht vorwitzig, läßt frühreife Jungen, Taugenichtse erwachsen; übermäßiger Druck, zu große Strenge führt zu physischer und moralischer Schwäche, hindert also die Entfaltung der Kräfte; dagegen verleiht maßvolle Zucht und Einschränkung, welche auf die Veranlagung gebührende Rücksicht nimmt, eine Tüchtigkeit, die mit zunehmendem Alter mehr und mehr zum selbständigen Denken und Handeln anregt und, wenn das Selbstbewußtsein feste Wurzel gefaßt hat, wenn eine Läuterung der Ansichten durch den häufigen engen Verkehr in der Welt eingetreten ist, im vorgeschrittenen Alter zu einem weiteren um so gedeihlicheren Wirkungskreise in der Lebensstellung befähigt.

Ziehen wir die Analogie für die Waldwirthschaft! Dem Wirthschafter fällt als Erzieher der Bestände und ihrer einzelnen Glieder die Aufgabe zu, die Natur in der Produktion zu unterstützen und als

---

*) Selbstverständlich darf der Schluß unterbrochen werden, wenn es gilt, nutzholzuntüchtige, vorgewachsene Stämme zu entfernen.

**) Ganghofer, Forstl. Versuchswesen Bd. II, S. 210 f.

solcher hat er zunächst die Pflicht, die Veranlagung genauest zu prüfen und hiernach die Erziehungsmethode einzurichten.

Somit verbietet es sich von selbst, eine bestimmte Durchforstungsart für alle Fälle als einzig richtige Bestandeserziehungsart hinstellen zu wollen und etwa den starken Grad als einzig richtigen zu bezeichnen, sei es auch, daß nach dem Vorausgehenden die Erhöhung der Reinerträge, sei es, daß die Ersparung von Bestandeskapital oder Boden-(Verwaltungskosten-Kulturkosten-)Capital, sei es, daß beides zugleich ihm unbedingt die höhere Rentabilität zuzusichern scheint. Schwach veranlagte Naturen, Bestände geringer Bonität verlangen eine schonendere, langsamer vorgehende Erziehung als jene bester Bonität (denen unsere angeführten Flächen entstammen). Es kann bei schlechter Standortsgüte der starke Grad, wenn er nach Definition des Vereines forstlicher Versuchsanstalten ausgeführt wird, also den Kronenschluß nicht unterbricht, sondern nur erheblich lockert, verwerflich erscheinen, besonders wenn noch andere Faktoren wie Exposition die Bestandeserziehung erschweren.

Der schwächste Grad dürfte wohl unbedingt zu verlassen sein — Zuwachs- und Rentabilitätsverhältnisse sprechen entschieden gegen ihn; dagegen mag der starke Grad da seine Berechtigung finden, wo unzweifelhaft die Standortsgüte ihn gutheißt, wo ein Nachlassen der Bodenthätigkeit nicht zu befürchten steht. Ueberhaupt muß es dem vorsichtigen Staatsmanne genügen, die Rentabilität streng in den Grenzen der naturgemäßen Produktion zu erhöhen und dies dürfte in den meisten Fällen bei Erhaltung des Bestandesschlusses durch den mäßigen Grad, wenn er frühzeitig eingelegt und möglichst häufig wiederkehrt und damit in seiner Wirkung dem starken Grade nahe kommt, in der zweckdienlichsten Weise erreicht werden.

IV. Lichtungsbetrieb.

Während die Durchforstungen mehr die Aufgabe haben, den Bestand, namentlich mit Rücksicht auf die Stammform, zu pflegen und ihm den nöthigen und zweckentsprechenden Wuchsraum zu verschaffen*), sorgen die Lichtungshiebe in der Regel**) für dauernde Unterbrechung des Bestandesschlusses in vorgerücktem Alter bei Holzarten und auf Standorten, die mit Vortheil die Potenzirung des Zuwachses in den verbleibenden Stämmen erwarten lassen. Uebrigens kann eine scharf definirte Grenze zwischen Durchforstungen und Lichtungshieben nicht festgesetzt werden, die Praxis soll aber auch keine scharfe Grenze ziehen wollen***); denn nur ein allmähliger Uebergang aus dem Durchforstungsbetriebe in den lichteren Stand vermag zu gedeihlichem Lichtwuchse zu befähigen. Zu der möglichen Zuwachssteigerung des Einzelstammes giebt mittelbar wie bei den Durchforstungen die Stammzahlverminderung und unmittelbar die hierdurch veränderten Wachsthumsbedingungen der übergehaltenen Stämme Veranlassung. Stammzahlverminderung und Zuwachshebung stehen also in einem gewissen ursächlichen Zusammenhange und Verhältnisse. Wir müssen uns des Wortes „gewiß" bedienen und damit zugleich eine Ungewißheit bezeichnen, weil wir uns darüber nicht täuschen dürfen, daß der Lichtungszuwachs gegenwärtig in seinem Wesen und seiner Größe bei der Vielseitigkeit des forstlichen Betriebes und seinen langen Produktionszeiträumen noch nicht vollständig erkannt und gewürdigt werden kann.

1. Zuwachsgang.

Schon über die Ursachen des Lichtwuchses vom physiologischen Standpunkte aus herrschen keineswegs durchaus die gleichen Ansichten. Desgleichen gehen die Beobachtungen über den Beginn des Lichtwuchses auseinander. Während Th. Hartig denselben in das unmittelbar der Lichtung folgende Jahr setzt, stellt Schaal†) die Thatsache fest, daß einzelne Holzarten in manchen Wachsthumsgebieten wenigstens für die ersten Jahre ohne Lichtwuchs blieben.

*) Kraft, Beiträge zur Lehre von den Durchforstungen und Lichtungshieben. Hannover 1884, S. 16.

**) Allerdings kann vorübergehend Schluß eintreten, wie beim Seebach'schen Betriebe.

***) Gayer, Waldbau. Berlin 1889, S. 572.

†) Forstl. Bl. 1876, S. 244 ff.

Letztere Beobachtung dürfte darin ihre Erklärung finden, daß mannigfache Erscheinungen des Bestandeslebens, die mit der Lichtung selbst in ursächlichem Zusammenhange stehen können oder nicht (wie gesteigerte Samenproduktion, Einfluß aushagernder Winde, Gefährdung der Bodenfrische durch zu starke Lichtungen, Beschädigungen durch Sonnenbrand, durch Forstinsekten)*) die Wirkungen des Lichtstandes zu paralysiren vermögen.

Ueber den Beginn des Lichtungszuwachses sei auf eine Untersuchung von Michaelis verwiesen**). Von 66 Fichten, sämmtlich der stärksten dominirenden Klasse angehörend, zeigte

im	1.	Jahre	nach	der	Lichtung	8 %
„	2.	„	„	„	„	35 %
„	3.	„	„	„	„	41 %
„	4.	„	„	„	„	15 %

den Beginn der Jahrringverbreiterung.

Der Lichtungszuwachs ist nunmehr eine unumstößliche Thatsache, mit welcher die Forstwirthschaft gebührend zu rechnen hat. War derselbe anfänglich nur an einzelnen Stämmen beobachtet worden, so trachtete man bald durch besondere Hiebsoperationen den Lichtwuchs für ganze Bestände auszunützen.

Um den Lichtwuchs auch auf seine finanzielle Bedeutung prüfen zu können, obliegt in erster Linie zu untersuchen, in welcher Weise die Einzelstämme sowohl quantitativ wie qualitativ durch Lichtungszuwachs gewinnen können. Erst nach diesen Vorerörterungen wagen wir es auf die Betrachtung ganzer Bestände, die diesem Betriebe unterstellt sind, je nach der Art, wie sie ihren Zweck verfolgen, einzugehen.

A. Lichtungszuwachs am Einzelstamme.

Die Aestung beschränkt die Baumkrone künstlich und verursacht vollformigen Wuchs — bei der Lichtung ist mit der Ueberführung des Stammes in den freieren Stand die Ausbreitung der Krone verknüpft. Der Gegensatz läßt eine Vermuthung auftauchen, welche auf

*) Ganghofer, Forstl. Versuchswesen Bd. I, S. 180.

**) Forstl. Blätter 1884, S. 186.

abformigen Wuchs hinweist. Und in der That! Während noch vor Kurzem die Frage, ob der Lichtwuchs nicht eine Formverbesserung bewirke, als eine offene betrachtet werden mußte, lassen die neueren Untersuchungen keinen Zweifel mehr darüber, daß der Flächenzuwachs bei lichtgestellten Bäumen von der Spitze nach unten ganz bedeutend zunehme, daß also Formverschlechterung eintrete. Diese Ansicht vertrat schon Nördlinger*) mit zahlreichen Untersuchungen und mit denselben stimmen im wesentlichen überein jene von Borggreve**), König***), Weise†) und Wimmenauer. — R. Hartig bestätigt neuerdings die merkwürdige Thatsache der Zuwachsform im Lichtstande an zwei Buchen, welche nach 7jähriger Freistellung eine rapide Zuwachssteigerung in den unteren Stammpartien, dagegen in der Baumkrone etwas Sinken zeigten. Die physiologische Erklärung Hartig's ist vorerst nur eine Vermuthung; er nimmt an, daß die Menge der organischen, sofort verfügbaren Nährstoffe des Bodens bei dem Zuwachse eine große Rolle spielen und daß die von den Wurzeln in gesteigertem Maße aufgenommenen Mineralstoffe im Vereine mit den schon in den Wurzeln befindlichen Vorräthen zur Erzeugung von Eiweißsubstanzen um so mehr beitragen, je näher die Cambialregion den Wurzeln selbst gelegen ist.

Diese charakteristische Wuchsform dürfte nach letzter allgemeiner Erklärung nicht blos der Buche zukommen, sondern allen Holzarten mehr oder weniger eigenthümlich sein.

Auf Seite 58 ist schematisch eine Darstellung der Stammanalyse einer Fichte (328 mm stark), Föhre (426 mm) und Tanne (379 mm), die aus dem Forstamte Freising, Distr. Unt. Forst, stammend, bei gleichem Alter (90 Jahre) nahezu gleich lang (12 bis 16 Jahre) den Lichtungszuwachs angelegt hatten, in der Weise gegeben, daß der Durchschnitt eines Stammes halbseitig nach den mittleren Radien der einzelnen Sektionen für Wuchsperioden von

---

*) Kritische Blätter, 50. Bd., 2. Hft., S. 175ff.; ferner 52. Bd., 1. Hft., S. 154ff.

**) Forstl. Blätter 1877, S. 215.

***) Forstl. Blätter 1882, S. 361; 1886, S. 46.

†) Allg. F. u. J Ztg. 1885, S. 7.

10 Jahren vor und nach der Lichtung zum Ausdruck gebracht wurde. Die größere Durchmesserzunahme in den unteren Stammtheilen nach

Fig. IV.

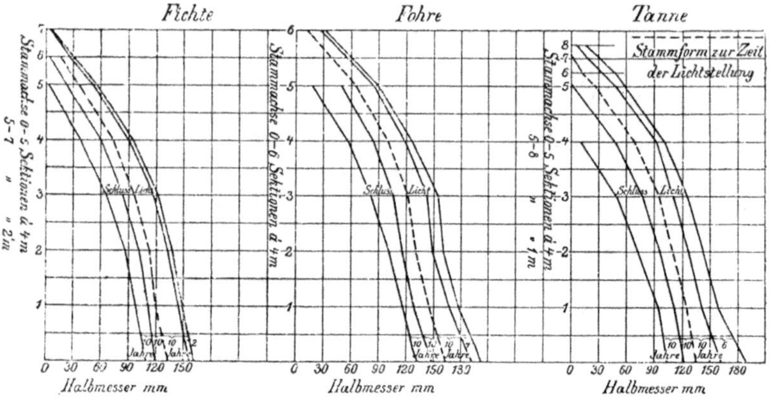

der Lichtung ist unschwer zu erkennen und macht sich am meisten bei der Tanne fühlbar; desgleichen läßt der Gang des Kreisflächenzuwachses in den einzelnen Stammsektionen die Wirkung der Lichtung deutlich hervortreten. Die vor der Lichtung im Fallen begriffenen Zuwachsprozente heben sich nach dieser beträchtlich in den unteren Stammpartien, während gegen die Spitze zu die Tendenz zur Abnahme herrscht.

Umstehende Zusammenstellung mag dies veranschaulichen und zugleich über den Massezuwachs selbst Aufschluß geben.

Die Veränderung der Stammbildung und der Zuwachsgröße infolge der Lichtung dürfte in den vorstehenden wenigen Beispielen kenntlich sein; auch findet sich die Thatsache ausgesprochen, daß der Höhenwuchs nach Einlage der Lichtungshiebe im Abnehmen begriffen ist*). Letzter Umstand verliert jedoch dadurch an Bedeutung, daß die Lichtungshiebe erst dann eingelegt zu werden pflegen, wenn der Höhenwuchs in der Hauptsache abgeschlossen ist.

---

*) Nach Königs Untersuchungen über den Lichtwuchs der Buche ist für die ersten 10 Jahre im Höhenwuchse noch keine Verminderung zu bemerken, später tritt sie ausnahmslos ein. Forstl. Bl. 1886, S. 46.

Kreisflächenzuwachsprozente.

Sektionen à 4 m	Fichte				Föhre				Tanne			
	vor		nach		vor		nach		vor		nach	
	der Lichtstellung im Alter von				der Lichtstellung im Alter von				der Lichtstellung im Alter von			
	58—68	68—78	78—88	88—90	56—66	66—76	76—86	86—90	54—64	64—74	74—84	84—90
	Jahren				Jahren				Jahren			
0 (Stockabschnitt)	2,23	1,91	4,44	2,22	2,74	2,19	3,76	3,08	3,85	2,06	4,38	6,26
1	3,07	1,88	4,66	2,08	1,96	2,64	3,26	3,56	4,17	2,34	2,81	4,10
2	3,61	2,16	4,21	2,68	2,90	2,47	3,13	4,19	7,35	2,71	3,30	4,27
3	6,35	2,95	5,06	2,63	6,96	2,90	3,83	4,56	15,50	4,36	3,45	4,44
4	15,7	5,40	4,88	3,11	12,30	3,54	4,30	3,00	—	10,50	8,50	2,89
5	—	18,60	9,30	3,01	—	6,33	7,23	3,60	—	—	—	7,60
Massenzuwachsprozente der einzelnen Perioden.												
—	4,27	2,61	4,74	2,50	4,47	2,84	3,78	3,72	7,17	3,35	4,10	4,60
Kreisflächenzuwachsprozent 10 Jahre nach der Lichtung in Brusthöhe.												
—	—	—	4,43	—	—	—	3,68	—	—	—	4,02	—

Absoluter Kreisflächenzuwachs in den verschiedenen Stammsektionen,
bezogen auf die während 10 Jahre vor der Lichtung am Stockabschnitte produzirte Kreisflächensumme als Einheit.

Sektionen à 4 m	Fichte				Föhre				Tanne			
	vor		**nach**		**vor**		**nach**		**vor**		**nach**	
	der Lichtstellung im Alter von				der Lichtstellung im Alter von				der Lichtstellung im Alter von			
	58—68	68—78	78—88	88—90	56—66	66—76	76—86	86—90	54—64	64—74	74—84	84—90
	Jahren				Jahren				Jahren			
0 (Stockabschnitt)	0,95	**1,00**	2,77	2,01	0,98	**1,00**	2,10	2,35	1,35	**1,00**	2,56	5,27
1	1,05	0,84	2,46	1,61	0,56	0,90	1,41	2,04	1,19	0,95	1,41	2,63
2	0,99	0,80	1,91	1,73	0,63	0,69	1,09	1,91	1,31	0,84	1,30	2,22
3	1,00	0,76	1,60	1,32	0,97	0,69	1,17	1,93	1,27	0,91	1,03	1,79
4	0,79	0,70	0,95	0,80	0,84	0,54	0,88	0,88	0,72	0,80	1,32	0,84
5	0,17	0,32	0,46	0,29	0,46	0,52	0,61	0,52	—	—	0,56	0,57

Jährlicher Massendurchschnittszuwachs der einzelnen Untersuchungsperioden cbm.

—	0,0154	0,0134	0,0382	0,0238	0,0244	0,0224	0,0383	0,0520	0,0203	0,0163	0,0266	0,0421

Verhältniß des period. Massenzuwachses, bezogen auf die absol. Leistung 10 Jahre vor Beginn der Lichtung als Einheit.

—	1,15	**1,00**	2,84	1,78	1,09	**1,00**	1,71	2,32	1,25	**1,00**	1,63	2,58

Das Massezuwachsprozent scheint bei der Fichte in der ersten Wuchsperiode von 10 Jahren seine Culmination zu erreichen, während es bei Föhre und Tanne im 2. Dezennium noch steigt. Doch soll aus dem Wuchsverhalten dieser geringen Anzahl von Stämmen kein allgemeines Gesetz gefolgert werden.

Dem Gesammtmassezuwachsprozent jeden Stammes nach Umlauf eines Lichtstandszeitraumes von 10 Jahren wurde das Grundflächenzuwachsprozent in Brusthöhe aus dem Grunde an die Seite gestellt, um ermessen zu können, ob letzteres geeignet sei, zugleich zur Beurtheilung der Gesammtleistung zu dienen. Die Differenzen sind nicht nennenswerth und würden somit die von Nördlinger*) gefundenen Resultate bestätigen, welche dahin lauten, daß der Unterschied zwischen dem Zuwachsprozente in Brusthöhe und dem des ganzen Stammes während des ersten und zweiten Dezenniums der Lichtstellung ganz gering sei und nur wenige Zehntel, selten ein ganzes Prozent erreiche.

Alle an Einzelstämmen durchgeführte Untersuchungen stimmen mehr oder weniger darin überein, daß die Zuwachssteigerung infolge der Lichtung constatirt werden kann. Vielfach beziehen sich dieselben nur darauf, mittelst Bohrversuchen in Brusthöhe oder an Scheiben des Stockabschnittes den Zuwachs festzustellen**) und verlieren somit, da sie über die Gesammtleistung keine Sicherheit gewähren, einigermaßen an Werth.

Die auf S. 60 mitgetheilten Zahlen geben bezüglich der absoluten Zuwachsgröße das ungemein günstige Resultat, daß die Einzelstämme im lichteren Stande mehr als das Doppelte wie unmittelbar vor der Lichtung zu produziren vermögen. König theilt in seinem schon erwähnten Aufsatze über Lichtungszuwachs der Buche mit, daß der Einzelstamm im Durchschnitte seinen absoluten Zuwachs nach einer starken Lichtung um die Hälfte der Vollbestandesmasse in den ersten 10 Jahren noch nicht verdoppelt, während dies annähernd in den folgenden 5 Jahren geschieht.

Schuberg untersuchte den Lichtungszuwachs von Tannen im

*) Kritische Blätter Bd. 50, Hft. 2, S. 212.

**) Danckelm., Z. f. F. 1887, S. 50; 1889, S. 3.

Alter zwischen 72 und 180 Jahren und von Fichten im Alter zwischen 75—135 Jahren und fand*) bei 10—30jährigem Ueberhalte, daß das Zuwachsprozent mit Zunahme der Baumhöhe, mit dem Steigen des Baumalters sinkt, daß der Lichtungszuwachs, verglichen mit dem Zuwachse des geschlossenen Bestandes, nochmals zunimmt in absoluter und relativer Größe und lange Zeit — bis über 30 Jahre — in Wirksamkeit bleibt. Er fand das durchschnittliche Zuwachsprozent für die Weißtanne zu 2,6 und für die Fichte nahezu von gleicher Höhe. (Bei der Tanne war das Steigen sofort nach der Lichtung ein lebhaftes.**)

Für die Kiefer fand Dr. Storp einen Lichtungszuwachs, der nahezu das Doppelte des früheren betrug***).

Die Frage, wie Lichtstand die Qualität verändere, wurde durch die bisherigen Untersuchungen meist günstig beantwortet. Nördlinger's vergleichende Untersuchungen über das im Dunkel- und Lichtstande erzeugte Holz wiesen für den Lichtstand die Zunahme des spezifischen Lufttrockengewichtes nach†). Königs Untersuchungen ergaben für die Buche, daß das breitringige Holz, gleichgültig, ob dasselbe dem Licht- oder Dunkelstande angehöre, im lufttrockenen wie im wasserfreien Zustande schwerer als das engringige sei, daß jedoch das Lichtstandsholz größeres Schwindeprozent zeige††). In neuester Zeit brachte R. Hartig die Güte des Lichtstandszuwachses mit der Transpirationsgröße (der Leitungsfähigkeit und der Gefäßzahl) in Zusammenhang. Er behauptet ganz allgemein, also ohne Rücksicht der Holzart, daß der Lichtungszuwachs, besonders auf Stockhöhe, von außerordentlicher Güte sei†††), weil der Zuwachs sich hier vervielfache, die Transpirationsgröße aber nicht in demselben Maße wie der Zuwachs sich steigere, wodurch die Leitungsfähigkeit der neuen Jahrringe geringer, das Holz dickwandiger und besser werde.

---

*) Centralbl. f. d. ges. Forstw. 1878, S. 289.

**) Centralbl. f. d. ges. Forstw. 1878, S. 343.

***) Forstl. Bl. 1887, S. 65.

†) Krit. Blätter 47, Bd. II, S. 56 ff.

††) Forstl. Bl. 1886, S. 50.

†††) Centralbl. f. d. ges. Forstw. 1888, S. 8.

B. Lichtungszuwachs an ganzen Beständen.

Der Lichtungszuwachs wurde in ganzen Beständen lange, bevor man sich über dessen Bedeutung klar geworden war, faktisch ausgenutzt.

Der Mittelwaldbetrieb selbst, wo er dem Standorte nach angezeigt ist, verdankt seine verhältnißmäßig kurzen Umtriebe und seine Eigenschaft, vorzüglich zur Starkholzproduktion zu dienen, im Grunde genommen dem Lichtstande des Oberholzes.

Ferner muß im Ueberhaltbetriebe, überhaupt in sämmtlichen Betriebsarten, welche durch Bestandeslichtung auf natürliche Verjüngung abzielen, je nach Verjüngungsdauer und -Form — anfangend von der saumweisen, noch durch Kunst unterstützten Schlagverjüngung, fortschreitend bis zur Femelschlagform und gipfelnd in der Plenterform — Lichtwuchs fühlbar werden.

Es war nicht etwa durch Theorie fest begründete Absicht, sondern ein äußerer Anlaß, nämlich die Nothwendigkeit, ausgedehnte Brennholzrechte zu befriedigen, welcher zum ersten Lichtwuchsbetriebe in großem Maßstabe, dem Seebach'schen, führte und damit auch in der Folgezeit die Aufmerksamkeit auf die Bedeutung des Lichtwuchses für ganze Bestände lenkte und zu dessen Studium anspornte.

Exakte Resultate über den Lichtwuchs ganzer Bestände sind ungemein spärlich und die wenigen vorhandenen mangels vergleichbarer Vollbestände wissenschaftlich nicht voll verwerthbar.

Die Schwierigkeit, den vorwürfigen Gegenstand in seiner ganzen Ausdehnung zu umfassen und zu erschöpfen, dürfte klar werden, wenn man einerseits die große Zahl von Variationen bedenkt, unter welchen durch wirthschaftliche Maßregeln Lichtungszuwachs veranlaßt werden kann, und andererseits, welche Umstände geeignet sind, denselben zu beeinträchtigen oder vollständig aufzuheben, und wenn man erwägt, daß die naturwissenschaftlichen Grundlagen, auf welchen die Anwendbarkeit des Lichtwuchsbetriebes beruht — ist Unterbau unbedingt nothwendig und in welchem Maße? — noch lange nicht genügend erforscht sind.

Genauen Aufschluß über den wirthschaftlichen Effekt der Lichtung können nur Versuchsflächen, die unter den verschiedensten Verhältnissen angelegt sind und mit verschiedenem Lichtwuchsgrade arbeiten, verglichen mit dem jeweilig unter den nämlichen Bedingungen aufgewachsenen und gleichmäßig behandelten Vollbestande abgeben. Solche Versuche liegen bis jetzt in abgeschlossener Form nicht vor, wir müssen uns daher an die von der Literatur gebotenen Bruchstücke von Untersuchungen, soweit sie einen Einblick in Zuwachsgang und Rentabilität zu gewähren vermögen, halten.

Ueber den modifizirten Buchenhochwaldbetrieb — den Seebach-schen genannt — theilt Oberforstmeister Kraft interessante, allerdings nicht voll verarbeitete Untersuchungen an einer Probefläche der preußischen Oberförsterei Uslar, Forstort Kugelberg, mit.*) — Im Jahre 1843 wurde der betreffende, damals durchschnittlich 74jährige Buchenbestand um 0,63 seiner bisherigen Masse gelichtet. Nach Umfluß von 30 Jahren, also im Alter von 104 Jahren, fand die neue Aufmessung der Fläche und außerdem die Fällung von 5 Probestämmen statt, deren Analysirung als Mittel zur Berechnung der Wirkung des Lichtungshiebes dienen sollte. Die einzelnen Stämme scheinen ähnliches Wachsthum zu zeigen wie die von uns aus dem Forstamte Freising angeführten. Um die Vergleichung zu ermöglichen, setzen wir wie bei letzteren die durchschnittliche absolute Zuwachsgröße an Masse 10 Jahre vor der Lichtung = 1,00 und beziehen hierauf die vorausgehende und nachfolgende durchschnittlich jährliche Leistung der 10jährigen Perioden.

Probestamm	Alter Jahre	Brusthöhen-Durchm. cm	Höhe m	30 Jahre vor der Lichtung	20 Jahre vor der Lichtung	10 Jahre vor der Lichtung	10 Jahre nach der Lichtung	20 Jahre nach der Lichtung	30 Jahre nach der Lichtung
				Massenzuwachsprozente:					
Nr. 1	110	22,5	22,6	4,63	2,98	2,09	3,53	3,61	2,41
				Absoluter Zuwachs:					
				1,16	1,09	**1,00**	2,19	3,18	2,87
				Massenzuwachsprozente:					
Nr. 2	107	29,5	23,6	4,06	2,05	1,75	3,72	3,83	2,40
				Absoluter Zuwachs:					
				1,39	0,96	**1,00**	2,73	4,07	3,48

*) Burkhard, „Aus dem Walde" 1876, S. 40 ff.

Die Culmination des Zuwachses fällt hiernach in das zweite Dezennium nach der Lichtung. Kraft erhält mittelst der Zinseszinsformel $p = \left(\sqrt[30]{\frac{M}{m}} - 1\right) 100$*) das durchschnittliche Massenzuwachsprozent für 30 Jahre = 2,9; während er für den nicht modifizirten, vollen Ort gleicher Qualität das Zuwachsprozent zu 1,44 annimmt. Die Kosten der Begründung des Unterwuchses, als Endwerth einer jährlichen Rente durch 30 Jahre nach Maßgabe der ortsüblichen Holzpreise in Ansatz gebracht, ermäßigen vorerwähntes Prozent 2,9 auf 2,7. Die Aushiebsmasse 0,67 der ursprünglichen Gesammtmasse läßt Kraft mit 3 % Zinseszinsen weiter arbeiten und rechnet für den Ueberhalt (0,33) 2,74 % Verzinsung. Hiernach ergiebt sich lediglich nach dem Quantitätszuwachse eine Verzinsung der zur Zeit der Lichtung vorhandenen Gesammtmasse von etwa 2,9 %, daher doppelt soviel als jene des Vollbestandes beträgt. Uebrigens dürfte nach Ansicht Kraft's der höchste Effekt beim Seebach'schen Betriebe nicht bei plötzlich starkem Aushiebe wie in der erwähnten Probefläche, sondern dann erreicht werden, wenn der Bestand ursprünglich weniger licht gehalten, in der Mitte oder am Beginne des letzten Drittels der Lichtungsdauer aber eine Nachlichtung vorgenommen worden wäre. Es mag nicht unerwähnt bleiben, daß Kraft hervorhebt, die Bodenverhältnisse hätten sich durch den modifizirten Betrieb gebessert**).

Die Rechnung Kraft's stützt sich auf das Zuwachsprozent des ganzen Bestandes während des Lichtungszeitraumes und läßt die absolute Zuwachsgröße bei Vergleichung mit dem Vollbestande außer Berücksichtigung. Wir wollen die vorerwähnte von Seebach selbst angelegte Probefläche (0,56 ha), soweit dies möglich ist, auf die absolute Produktion untersuchen und folgen hierbei dem Berichte über die Versammlung deutscher Forstmänner zu Hannover, welcher die neueste Bestandesaufnahme enthält.

*) M = Masse zur Zeit des Abschlusses } der Untersuchung.
m = „ „ „ „ Beginnes }

**) Eine Bestätigung hierfür enthält der Bericht über die Exkursion in die Oberförsterei Uslar, gelegentlich der Versammlung deutscher Forstmänner zu Hannover. Bericht über die Versammlung 1881, S. 175.

Es betrug pro ha im Jahre

1843 die mittl. Bestandeshöhe 19,4 m, der mittl. Durchm. 21,9 cm, der Aushieb 169,2 fm, der Ueberhalt 101,3 fm Derbholz in 282 Stämmen mit 10,6 qm Stammgrundfläche;

1873/74 die mittl. Bestandeshöhe 23,4 m, der mittl. Durchm. 32,5 cm, der Ueberhalt 267,3 fm Derbh. mit 23,4 qm Stammgrundfl.;

1880/81 die mittl. Bestandeshöhe 24,4 m, der mittl. Durchm. 36,1 cm, der Ueberhalt 272,6 fm Derbholz in 223 Stämmen mit 22,8 qm Stammgrundfläche;

1877/78 der Aushieb gezwängt stehender Bäume 37,3 fm.

Hieraus finden wir die Gesammtleistung des Bestandes, nämlich

Aushieb im Jahre	1843	zu	169,2 fm
= = =	1877	=	37,3 =
Vorrath = =	1880	=	272,6 =
		Sa.	479,1 fm Derbholz.

Es wäre nun wünschenswerth, dem dergestalt behandelten modifizirten Bestande einen Vollbestand, welcher zur Zeit der Lichtung genau dieselben Bestandes- und Wachsthumsverhältnisse hatte, an die Seite stellen und von diesem Zeitpunkte an den verschiedenen Wachsthumsgang in der Durchschnittsproduktion vergleichen zu können. Nachdem dies nicht möglich, greifen wir zu einem Hilfsmittel.

Baur's Ertragstafeln*) der Rothbuche enthalten für die III. Bonität im Alter von 74 Jahren eine mittlere Bestandeshöhe von 19,7 m und eine Derbmasse von 290 fm pro ha. Höhe und Vorrath stimmen mit unserer Probefläche soweit überein, daß unbedenklich der Wachsthumsgang, wie er für den Vollbestand durch die Ertragstafel gegeben ist, zur Vergleichung benutzt werden kann. Der absolute Zuwachs für die Wuchsperiode

vom Alter 74—104 Jahre beträgt hiernach	142	fm Derbholz,
= = 104—111 = = =	28	= =
der Vollbestand im 74jährigen Alter hatte	272,6	= =
somit Leistung des Vollbestandes	442,6	fm Derbholz.

Die aus der Ertragstafel ergänzten Zuwachsgrößen des Vollbestandes beziehen sich nur auf den Hauptbestand und schließen den

*) Dr. v. Baur, die Rothbuche, Berlin 1887, S. 103.

am Nebenbestande erfolgten Zuwachs aus. Während nun der im Bestandesalter von 74 Jahren eingelegte Lichtungshieb einen hohen Prozentsatz der Gesammtmasse und unbedingt sämmtliches Zwischennutzungsmaterial, das sich überhaupt im weiteren Bestandesleben noch ergeben hätte, vorgreifend zum Aushiebe bringt, verbleibt letzteres noch längere Zeit dem Vollbestande und gelangt, selbst noch an Zuwachs gewinnend, erst allmählig zur Nutzung. Wird dieser Umstand genügend gewürdigt und ein entsprechender Zuschlag an Nebenbestandszuwachs zum obigen Zuwachs an Hauptbestandsmasse gemacht, so dürfte der Unterschied zwischen der Gesammtleistung des Vollbestandes und jener des im Lichtwuchse behandelten auf ein Minimum herabsinken.

Es muß zugegeben werden, daß der erstmalige Aushieb in dem angeführten Beispiele zu hoch gegriffen war und daß ein Ueberhalt von 0,60—0,55 bei 10jährigen Lichtungsintervallen oder von 0,55 bis 0,50 bei 5jährigen Zwischenräumen, wie Kraft für den Seebach-schen Betrieb vorschlägt, ein bedeutendes Sinken des laufendjährigen Zuwachses, welches in obigem Falle unfehlbar infolge der plötzlichen, bedeutenden Stammzahlverminderung unmittelbar nach der Lichtung eintreten mußte, hätte verringern können. Hiermit wäre eine Hebung der Gesammtproduktion auf der Flächeneinheit wohl denkbar.

Die Hauptbedeutung des Seebach'schen Betriebes dürfte darin zu suchen sein, daß die Stammdimensionen des Vollbestandes in kürzerer Zeit oder innerhalb derselben Zeit die stärkeren Dimensionen erzogen werden können. Nach Baur's Ertragstafeln stellt sich für den 111jährigen Buchennormalbestand die Stammzahl auf 754 Stück und der mittlere Durchmesser nahezu auf 26 cm, während für den gleichalterigen 37 Jahre im Lichtstande befindlichen Bestand die Stammzahl nunmehr 223 Stück, der mittlere Durchmesser aber 36 cm beträgt. Der Durchschnittsbaum der Ertragstafel hält 0,61 fm, der des Lichtstandes 1,22 fm Masse. Nimmt man sämmtliche Erträge des Lichtungsbetriebes einerseits (das Material der Lichtungshiebe selbst käme in der Hauptsache als Brennholz — geringwerthig in Rechnung) und des Vollbestandes andererseits zur gegenseitigen Abwägung zusammen, so wird der Preisunterschied der schließlich erzeugten Dimensionen in Verbindung mit der pro Flächeneinheit entsprechenden Stammzahl das Zünglein der Wage zum entscheidenden

Ausschlage bewegen. Jedenfalls ist dem Seebach'schen Betriebe ein nicht zu unterschätzender Vortheil zuzuerkennen, welcher darin liegt, daß der Bodenpflege durch natürliche Begründung eines Bodenschutzholzes nach dem ersten Aushiebe große Sorgfalt zugewendet und daß die Lichtung nur in soweit ausgedehnt wird, als vor Beginn der Bestandesverjüngung abermaliger Kronenschluß eintreten kann. Wären die Standortsfaktoren derart, daß die künstliche Begründung von Bodenschutzholz nicht umgangen werden könnte, so würden diese Kosten die Rentabilität des Lichtungshiebes umsomehr in Frage stellen, je höher sich dieselben belaufen.

Eine längere Zeit als 37 Jahre, wie eben angeführte, im Lichtwuchsbetriebe stehende Fläche existirt m. W. nicht.

Für einen 115jährigen Buchenbestand mit geringer Eichenbeimischung der preußischen Oberförsterei Gahrenberg, welcher behufs Verjüngung durch Aushieb von $^1/_5$—$^1/_4$ der Vollbestandsmasse gleichmäßig durchlichtet worden war, zieht König*) nach Beobachtung einer Wuchsperiode von 4 Jahren den Schluß, daß schon die schwache Lichtung genüge, um das Zuwachsprozent von 1,7 auf 3,0 zu erhöhen und daß die absolute Holzerzeugung über die des Vollbestandes gehoben wurde. Nachdem die Berechnung des laufendjährigen Zuwachses pro Jahr und ha sich lediglich auf Bohrversuche in Brusthöhe stützt und überdies auf einen kurzen Zeitraum sich erstreckt, muß diese Untersuchung für die Bedeutung der Lichtungshiebe zwar etwas verlieren, verdient aber immerhin Beachtung.

Nächst dem Seebach'schen Betriebe ist die Homburg'sche Nutzholzwirthschaft in hohem Grade geeignet, den Lichtwuchs auszunutzen. Letzterer Betrieb unterscheidet sich von ersterem nur dadurch, daß die Erzeugung des Unterstandes nicht als Zwischen-, sondern als Hauptverjüngung betrachtet wird, so daß kein abermaliger Schluß des Hauptbestandes erfolgt, sondern die Lichtungshiebe den Bestandesschluß dauernd unterbrechen und zugleich die Heranziehung des Unterstandes zum Hauptbestande bezwecken. Daß die Lichtausnutzung bei diesem Betriebe eine höhere und gleichmäßigere als beim Seebach'schen ist, muß von vorne herein anerkannt werden.

---

*) Forstl. Blätter 1886, S. 42.

Geradezu staunenerregend sind die Erträge, welche uns Homburg als Durchschnittszahlen aus einer 7,16 ha großen Versuchsstelle für seine Nutzholzwirthschaft anführt*).

Die derselben unterstellten 70jährigen, sehr langschaftig, spindelartig erwachsenen Buchenvollbestände II. Bonität, auf Muschelkalk stockend, hielten durchschnittlich pro ha 250 fm Derb- und 50 fm Reisholz an Vorrath. Diese Vollbestände wurden im 70jährigen Alter im Hinblick auf die Vorbereitung der Verjüngung kräftig durchforstet und warfen pro ha ab:

55,1 fm Derb- und 12,6 fm Reisholz.

Im Alter von:

73 Jahren folgte Samen- bez. Schirmschlagstellung und ergab	111,2	=	=	=	12,7	= =
78 Jahren folgte lichte Samenschlagstellung mit . . .	84,3	=	=	=	30,7	= =
81 Jahren folgte gleichmäßige Lichtschlagstellung mit . .	83,5	=	=	=	27,0	= =
83—87 Jahren Nachlichtung und Freistellung der Ueberhälter mit	68,5	=	=	=	26,0	= =
Schließlich standen noch pro ha ca. 35 Ueberhälter mit .	16,0	=	=	=	4,3	= =
	Sa. 418,6 fm	Derb-		Sa.	113,3 fm	Reisholz

Gesammtsumme: 531,9 fm Derb- u. Reisholz.

Halten wir diesen Erträgen die Angaben gleichalter, normal bestockter Buchenbestände II. Bonität nach Baur entgegen, so finden wir für das

70jährige Alter den Vorrath an Derbholz zu . . .	339,4	fm,
= Derb- und Reisholz zu	415,5	=
87 = = = = = Derbholz zu . . .	440,0	=
= Derb- und Reisholz zu	525,9	=

---

*) Homburg, „die Nutzholzwirthschaft im geregelten Hochwaldüberhaltbetriebe." Cassel 1878. Die betreffenden Angaben finden sich zerstreut unter Kap. II „die Praxis."

Wenn nun auch die von Homburg angeführten Zahlen nur Durchschnitte aus den Erträgen mehrerer gleichalter und gleichmäßig behandelter Bestände sind und nicht auf genauen Zuwachsuntersuchungen beruhen, so mögen sie immerhin in großen Zügen die enorme Leistung des geringen Vorrathskapitales — dasselbe betrug nur 300 fm Derb- und Reisholz und die in kurzen Zwischenräumen sich folgenden Hiebe hielten dasselbe auf sehr geringer Höhe — gegenüber dem weitaus größeren des Vollbestandes während derselben Wachsthumszeit dokumentiren.

Die absolute Produktionsleistung an Holzmasse des vollbestockten Bestandes nach der Ertragstafel, nämlich pro ha 525,9 fm im Alter von 87 Jahren ohne Zwischennutzungen, bleibt hinter der des Lichtwuchsbetriebes gleicher Standortsgüte pro ha 531,9 fm kaum zurück, jedoch sind, wie kurz erwähnt werden mag, verschiedene Gründe geeignet, den Homburg'schen Betrieb bezüglich der Rentabilität über die Vollbestandswirthschaft, den Seebach'schen Betrieb und andere auf Lichtwuchs abzielende Betriebsarten zu heben. In den Vordergrund tritt das geringere im Walde thätige Kapital (Holzvorrath); dies erhält seine Stellung und Aufgabe derart, daß ständige Fürsorge für die Bodenpflege getroffen und ein kostspieliger Unterbau überflüssig ist. Ferner wird nicht nur der Quantitätszuwachs des Einzelbaumes, also seine frühere Nutzbarkeit (Abkürzung des Umtriebes), sondern auch, weil der Betrieb sich auf technisch werthvolle Laubhölzer bezieht, die Qualitätserzeugung in einer individualisirenden Weise gefördert.

Mit Reformbestrebungen für den Waldbau durch intensive Ausnutzung der Lichtungshiebe trat namentlich in neuerer Zeit Wagener hervor. Er hofft, die Umgestaltung des Waldbaues werde „in der richtig bemessenen Lichtstellung der geschlossenen Bestände in der jugendlichen Periode und in der Fürsorge, daß in den neu zu begründenden gemischten Beständen die später dominirenden Stämme alsbald vorwüchsig werden, ihren Krystallisationspunkt finden." — Die Richtigkeit der von Wagener vielfach mitgetheilten Untersuchungen über den Lichtwuchsbetrieb an einzelnen Stämmen wie an ganzen Beständen wurde in einer Weise angefochten und in Frage gestellt*),

*) Allg. F.- u. J.-Ztg., Weise 1879; Fürst 1887.

daß wir an dieser Stelle verzichten müssen, mit den zweifelhaften Resultaten zu rechnen.

2. Rentabilität.

Soll der Lichtungsbetrieb überhaupt Anspruch auf Rentabilität haben, so müssen vor allem die Voraussetzungen für seine Berechtigung, das ist Standort guter Bonität*) (I und II), gegeben sein und wenn, so hat seine Durchführung sich den waldbaulichen Regeln für die betreffende Bestandesverfassung und den Standortsverhältnissen selbst anzupassen, damit die Produktion naturgemäß und nachhaltig sei.

Die Lichtungshiebe hätten somit Platz zu greifen bei Holzarten, die für den Lichtwuchsbetrieb besonders empfänglich sind und einen hohen Werthszuwachs erwarten lassen; sie müßten rechtzeitig eingelegt aus einem sorgfältigen Durchforstungsbetriebe allmählig hervorgehen und auf die schlanksten, wuchskräftigsten Nutzholzstämme am meisten Rücksicht nehmen, welche schon im Durchforstungs- event. Aestungsbetriebe ausreichende Pflege erfahren haben; ferner müßte rechtzeitig für genügende Ueberschirmung des Bodens (Unterbau, Bodenschutzholz), überhaupt für Erhaltung der Bodenthätigkeit Sorge getragen werden.

Werden diese Bedingungen erfüllt, so kann der Lichtwuchsbetrieb an und für sich schon — das ist, abgesehen vom Lichtungsgrade — geeignet sein, die Rentabilität der Waldwirthschaft zu heben.

Die Lichtung muß angesehen werden als eine Hiebsoperation, welche wie die Durchforstung die Bestandesglieder dezimirt und den auf der Gesammtfläche erfolgenden Zuwachs einer geringeren Stammzahl zuzuwenden bestrebt ist, nur mit dem Unterschiede, daß die Lichtungshiebe auf Zwischennutzungsmaterial und einen beträchtlichen Theil des Hauptbestandes sich erstrecken, also über den starken Durchforstungsgrad hinausgehen, den Bestandesschluß dauernd und kräftig unterbrechen. Da hiermit Lichtung und Durchforstung in der Art ihr Ziel zu verfolgen auf gleicher Basis stehen, so muß auch die Rentabilitätsfrage auf den nämlichen Grundsätzen fußen wie die der

---

*) Oesterr. Viertelj. 1884, S. 199 und Landolt, Schweiz. Zeitschr. 1883, S. 172.

Durchforstung, nur müssen eben die dort vom Aushiebe und seinen Wirkungen abgeleiteten Sätze hier in noch verschärftem Maßstabe gelten.

a. Aussetzender Betrieb.

Die Gesammtmassenproduktion auf der Flächeneinheit scheint im Seebach'schen wie im Homburg'schen Lichtungsbetriebe keine oder unwesentlich gesteigerte zu sein im Vergleiche mit jener des Vollbestandes in der nämlichen Zeit und denselben sonstigen Verhältnissen. Der höhere Endwerth der Produktion kommt, wenn man einen einzelnen Bestand betrachtet und die Materialanfälle mit der Zeit des Einganges verzinslich in Rechnung setzt, dem gelichteten Bestande unzweifelhaft zu. Es stehen sich bei der Vergleichung der beiden Betriebsarten der Quantität wie dem Werthe nach verschiedene Abtriebsmassen gegenüber. Während nämlich der Vollbestand eine große Stammzahl mit geringeren Stärken enthält, weist der Lichtungsbestand nur mehr eine kleine Stammzahl aber mit beträchtlich stärkeren Dimensionen und entsprechend höherem Werthe auf. Bezeichnet m_n die Abtriebsmasse des Lichtungsbestandes und M_n jene des Vollbestandes im Alter n und sind W und w die Wertheinheiten für diese Massen, sind ferner $d_a \ldots d_q$ die Durchforstungserträge des Vollbestandes im Alter a ... q mit den Wertheinheiten $w_a \ldots w_q$ und schließlich $l_\alpha \ldots l_\zeta$ die Erträge der Lichtungshiebe im Alter $\alpha \ldots \zeta$ mit den Wertheinheiten $W_\alpha \ldots W_\zeta$, so müssen, wenn man annimmt, daß im Lichtungsbetriebe dieselbe absolute Produktionsgröße wie im Vollbestande erlangt wird, der Endertrag des Vollbestandes

$$M_n w + d_a w_a 1{,}0p^{n-a} + \ldots d_q w_q 1{,}0p^{n-q}$$

kleiner sein als der Endertrag des Lichtungsbestandes

$$m_n W + l_\alpha W_\alpha 1{,}0p^{n-\alpha} + \ldots l_\zeta W_\zeta 1{,}0p^{n-\zeta}.\text{*)}$$

Schon daraus, daß bei

$$M_n + d_a + \ldots d_q = m_n + l_\alpha + \ldots l_\zeta$$

die Erträge

$$l_\alpha + \ldots l_\zeta > d_a + \ldots d_q$$

*) Da es sich nur um Vergleichswerthe handelt und für die beiden Bestände bis zum Eintritte des ersten Lichtungshiebes gleiche Behandlung und Durchforstung vorauszusetzen ist, können bis zu diesem Zeitpunkte auch die Erträge als gleich angenommen werden und außer Ansatz bleiben.

(gemäß der Definition des Lichtungshiebes) sind, aber den gleichen Zeitraum der Verzinsung vom Zeitpunkte des Einganges ab für sich haben, folgt — also ganz abgesehen vom Werthe — daß die höhere Leistung auf Seite des Lichtungsbetriebes steht; wird nun noch in Betracht gezogen, daß das Lichtungsmaterial mit $W > w$ zur Verwerthung kommt, so erhöht sich der Endwerth mit wachsender Differenz zwischen W und w und mit dieser Erhöhung ist unmittelbar die höhere Rentabilität des Lichtungsbetriebes verknüpft.

Jeder Hieb führt einen Theil des fixirten Bestandeskapitales in anderes außerhalb des Waldes thätiges Kapital über und verursacht dadurch noch, daß das verbleibende Vorrathskapital rascher arbeitet, ein höheres Prozent einbringt als der geschlossene Bestand.

Die höhere Verzinsung des verbleibenden Vorrathskapitales muß auch hier, wie bei den Durchforstungen, für jede Lichtungsperiode abhängig gemacht werden von der Formel $1{,}0p_x = 1{,}0z^n \frac{W}{w}$; das heißt die Verzinsung des durch den Lichthieb veränderten Kapitales wird um so höher sich belaufen, je größer das Zuwachsprozent desselben ist und je höher sich die Werthsteigerung infolge der Lichtung zu gestalten vermag.

Werden nun die Hiebe richtig bemessen, wird jener Wuchsraum unter den obwaltenden Standorts- und Bestandesverhältnissen den einzelnen begünstigten Stämmen zugetheilt und würdigt man zugleich die übrigen den Lichtwuchs beeinflussenden Faktoren entsprechend, so mag, vorausgesetzt, daß für Bodenpflege und Schutz keine oder unwesentliche Auslagen erwachsen, die höchste finanzielle Wirkung des Lichtwuchses dann erreicht werden, wenn der Vorrath auf das höchst mögliche Minimum gebracht und immer erhalten wird, welches eben noch genügt, die Thätigkeit der verbleibenden auserwählten Stämme so anzuregen und anzuspannen, daß die gleiche absolute Zuwachsmenge erzeugt wird wie cet. par. im Vollbestande.

War bei der obigen Vergleichung die Rechnung zu Gunsten des Lichtungsbetriebes ausgefallen, so kann dieselbe sehr zweifelhaft werden, wenn der nöthige Bodenschutz sich nicht durch natürliche Besamung ergiebt, wie dies beim Seebach'schen und Homburg'schen Betriebe der Fall ist, sondern wenn zum künstlichen Unterbau, zur

Erziehung von Bodenschutzholz geschritten werden muß. Die hierdurch verursachten Kosten können, je nachdem die Kultur sich billig oder theuer stellt, sofort gelingt oder kostspielige Nachbesserungen erfordert, sehr verschieden sein. Deren Höhe sowohl, wie der eventuell geringe wirthschaftliche Werth des durch diese Kosten erzogenen Bestandesgliedes vermögen die Rentabilität des Lichtungsbetriebes für den Waldbesitzer vollständig in Frage zu stellen.

b. Nachhaltbetrieb.

Bei der Annahme, daß ein Wirthschaftsganzes mit regelmäßiger Altersklassenabstufung dem Lichtungsbetriebe unterworfen ist, kann derselbe — von unvorhergesehenen Beschädigungen und Störungen der Wirthschaft abgesehen — durch richtig bemessene Lichtungshiebe so eingerichtet werden, daß die Gesammtmassenerträge pro Jahr und Hectar gegenüber jenen des Vollbestandes wenigstens nicht zurückstehen. Höhere Reinerträge infolge Erzeugung stärkerer und werthvollerer Dimensionen in gleicher Zeit oder die Erziehung derselben Dimensionen in kürzerer Zeit — Abkürzung der Umtriebszeit — analog den bei den Durchforstungen ausgesprochenen Sätzen, müssen in der Hauptsache schon dem Lichtungsbetriebe die höhere Rentabilität zusprechen. Doch hierin nicht allein ist die höhere Rentabilität zu suchen; vielmehr darf nicht außer Acht bleiben, daß der so gedachte Lichtungswald mit erheblich geringerem Vorrathe arbeitet, als der Vollbestands-Normalwald. Jeder einzelne Bestand erfährt nämlich vom Zeitpunkte des ersten Lichtungshiebes ab durch die verschiedenen Hiebe eine beträchtliche Capitalverminderung, die sich durch intensive Thätigkeit des geringen Capitales wieder ersetzt. Zieht man die Summe sämmtlicher Bestandesvorräthe, so ergiebt sich eine Vorrathsdifferenz gegenüber dem Vollbestandswalde, bestehend in dem durch die Lichtungshiebe in derselben Umtriebszeit herausgezogenen Materialquantum. Um diesen Betrag ist das im Lichtungsbetriebe arbeitende Waldcapital geringer geworden, es scheint für die Waldrente bedeutungslos und könnte demnach anderweitige Verwendung finden, wodurch der gesammten Staatswirthschaft, da die Ersparung eine ständige wäre, nur Vortheile erwachsen würden. Ist dieses Capital einmal der Forstwirthschaft entzogen, so ist diese Wirthschaft selbst darum rentabler geworden, weil sie, mit einem geringeren Capitale sich begnügend, zur gleichen Leistung gelangt. Daher müßte auch dem Lichtungsbetriebe wiederum nach dem nationalökonomischen Grundsatze: „Von zwei Produktionsweisen, die zum gleichen Resultate führen, ist jene die rentablere, welche das kleinere Betriebscapital aufwendet," unbedingt die höhere Rentabilität zuerkannt werden.

Allein verschiedene Erwägungen forstwirthschaftlicher als auch allgemein staatswirthschaftlicher Natur zwingen vielfach, auf die höhere Rentabilität, welche durch den Lichtungsbetrieb allerdings erreichbar ist, zu verzichten und sie nur in bescheidenem Maße anzustreben.

Die Forstwirthschaft muß mit Rücksicht auf die Nachhaltigkeit immer eine conservative sein, so daß sie also keine höhere Rente verlangt, als mit diesem Grundsatze gewissenhaft vereinbart werden kann. Aehnlich wie der wohlhabende Geschäftsmann, der sein Capital in den verschiedensten Werthpapieren angelegt hat und mit diesem Capitale arbeitet, nicht sein ganzes Vermögen in höchst verzinslichen Papieren, die nur darum so hohen Zins tragen, weil das Capital selbst unsicher fundirt ist, anlegt und damit spekulirt, sondern vorsichtig mit geringer Verzinsung eines Theiles seines Vermögens sich begnügt und nur mit dem kleineren Theile Risiko treibt, so dürfte wohl auch der conservative Forstmann nicht auf allen zum Lichtwuchse einigermaßen geeigneten Standorten und Bestandesverhältnissen spekuliren; denn es droht dem Lichtungsbetriebe unvergleichlich mehr als dem Vollbestande die Sturmgefahr, so daß das an und für sich schon geringe Bestandescapital leicht weiter verringert und die gezogenen Zuwachsrechnungen plötzlich umgestoßen werden können — in einem Umfange, daß die nachhaltige stetige Rente sicherlich schwer darunter zu leiden hat. Nicht zu unterschätzen sind ferner die Nachtheile und Gefahren, die unvermeidlich sind, wenn der nöthige natürliche Unterwuchs sich nicht oder nicht genügend einstellt, wenn Kulturen wiederholt mißglücken und große Kosten verursachen, schließlich die Verschlechterung des Bodens und damit die sichere Verminderung der künftigen Erträge zu befürchten steht. Daher möge der Lichtwuchsbetrieb nur in Beständen bester Bonität mit quantitativ und qualitativ zuwachsfähigen

Holzarten, welche die kostenlose Begründung des Bodenschutzholzes, des Unterwuchses oder wenigstens die sehr billige und sichere Herstellung desselben voraussehen lassen, grundsätzlich als Maßnahme zur Erhöhung der Rentabilität der Waldwirthschaft betrachtet werden.

Es möge ferner das enorme Capital, das im Walde aufgespeichert ist, nicht riskanter Weise vermindert werden, nur mit der Aussicht, einen sicheren, aber nur vorübergehenden hohen Gewinn einzuheimsen, ohne jegliche Gewähr dafür zu besitzen, daß das Waldcapital selbst in seiner naturgemäßen Verfassung und Produktionsfähigkeit für alle Zukunft erhalten bleibe. Der Wald ist eben und bleibt Gegenstand einer Zukunftswirthschaft und mit der Zukunft muß der staatswirthschaftlich denkende und handelnde Forstmann in gleicher Weise rechnen wie mit der Gegenwart — für ihn ist diese Rechnung allein die forstlich rentable.

Wenn wir im Vorhergehenden einen geringen Beitrag zur Lösung der Frage: „In welcher Weise greifen wirthschaftliche Maßregeln in den Zuwachsgang der Bäume und Bestände und damit in die Rentabilität der Waldwirthschaft ein?“ zu liefern versuchten, so drängte sich uns bei der Abhandlung jeder einzelnen bezüglichen Thätigkeit des Wirthschafters immer und immer wieder das Bewußtsein auf, daß nicht die Theorie, sondern wissenschaftlich **und** praktisch wirthschaftlich richtig ausgeführte, vergleichende Versuche in großem Umfange und unter allen möglichen, die Forstwirthschaft so sehr erschwerenden und vielseitig gestaltenden Standorts- und Bestandesverhältnissen erst nach langer Zeit uns der erwünschten Lösung näher bringen können; ob die vorliegende Frage bei der kurzen Lebensdauer des Menschen, bei den langen Produktionszeiträumen der Forstwirthschaft, bei dem Wechsel der Verwaltungssysteme, bei den wandelbaren Gewerbe-, Industrie- und Verkehrsverhältnissen und der ständigen Veränderung des Geldwerthes je vollkommene Lösung finden kann — wir möchten es bezweifeln.

GPSR Compliance

The European Union's (EU) General Product Safety Regulation (GPSR) is a set of rules that requires consumer products to be safe and our obligations to ensure this.

If you have any concerns about our products, you can contact us on ProductSafety@springernature.com

In case Publisher is established outside the EU, the EU authorized representative is:

Springer Nature Customer Service Center GmbH
Europaplatz 3
69115 Heidelberg, Germany

Batch number: 10844623

Printed by Printforce, the Netherlands